压力是成功的跳板

让危机成为机遇
CRUNCH POINT

[美]博恩·崔西(Brian Tracy) 著

汤凯如 译

中国科学技术出版社
·北京·

Crunch Point by Brian Tracy.
Copyright © 2007 Brian Tracy.
Published by arrangement with HarperCollins Leadership, a division of HarperCollins Focus, LLC.
Simplified Chinese translation copyright by China Science and Technology Press Co., Ltd.
All rights reserved.
北京市版权局著作权合同登记　图字：01-2021-5065。

图书在版编目（CIP）数据

压力是成功的跳板 /（美）博恩·崔西著；汤凯如译 . —北京：中国科学技术出版社，2021.11

书名原文：Crunch Point

ISBN 978-7-5046-9289-4

Ⅰ . ①压… Ⅱ . ①博… ②汤… Ⅲ . ①心理压力—心理调节—通俗读物 Ⅳ . ① B842.6-49

中国版本图书馆 CIP 数据核字（2021）第 276205 号

策划编辑	杜凡如　褚福祎	责任编辑	申永刚
封面设计	马筱琨	版式设计	蚂蚁设计
责任校对	吕传新	责任印制	李晓霖

出　版	中国科学技术出版社
发　行	中国科学技术出版社有限公司发行部
地　址	北京市海淀区中关村南大街 16 号
邮　编	100081
发行电话	010-62173865
传　真	010-62173081
网　址	http://www.cspbooks.com.cn

开　本	787mm×1092mm　1/32
字　数	74 千字
印　张	7.25
版　次	2021 年 11 月第 1 版
印　次	2021 年 11 月第 1 次印刷
印　刷	北京盛通印刷股份有限公司
书　号	ISBN 978-7-5046-9289-4/B·78
定　价	59.00 元

（凡购买本社图书，如有缺页、倒页、脱页者，本社发行部负责调换）

本书献给那些勇敢的人、拥有进取精神的人、建立家庭和缔结友谊的人、在人生的惊涛骇浪中不畏风险的人。你们敢于前往无人到过之处，并永不放弃。也是你们推动社会改变和前进。你们是我们所有人的依靠。愿你们坚持到底！

前言
PREFACE

你遇到的难关都是心理障碍,用更积极的方法就可以克服。

——克拉伦斯·布莱齐尔(Clarence Blasier)

美国作家

欢迎你阅读《压力是成功的跳板》。每个人、每个组织都会遇到各种问题、意料之外的逆境和打乱步调的危机,它们需要被立刻处理。

据统计,许多公司每两三个月就会遇到一次危机,如果不高效地处理这些危机,它们就可能会威

胁到公司的生存。同样,许多个人每两到三个月就会遇到一次危机,无论这些危机是在个人、财务、家庭还是健康方面,都会对你造成极大的影响。

但是,在面对危机时,只有坚强的人才能坚持下去。只有面对危机的挑战,你才能向自己和他人展示你真正的实力。古罗马哲学家爱比克泰德(Epictetus)曾说过:"环境并不造就一个人,环境只是让一个人能够看清真实的自己。"同样,环境也让其他人看清真实的你。

你可能遇到的危机有许多种:销售额下降、利润下滑、现金流吃紧。你可能丢失一个重要客户或一次关键商机。当你投资失败时,你可能面临无法预料的损失,陷入意料之外的逆境。你可能会发现,公司内部员工或外部合作伙伴竟是无能或不诚实的人。你可能会被朋友、同事欺骗或背叛。这些事情每个人都可能遇到。

如果一个重要客户突然破产,无力偿还对你的债务,导致你出现了财务危机,这就是你要面对的危机。银行可能削减你的信用额度。公司来自销售或投资的重要利润可能会消失。你可能遭受不公对待而被突然解聘,只能流落街头。你的家庭、财务或健康都可能出现问题。无论是哪种情况,你会突然发现面对危机的自己像是面对着一堵墙。此时,只有控制好自己的情绪、解决财务问题,才能战胜危机。

应对挑战

1934—1961年,历史学家阿诺德·汤因比(Arnold

Joseph Toynbee)撰写了 12 册丛书《历史研究》(*A Study of History*)。在书中，他研究了 20 多种文明的兴盛与衰败。他对这些文明生命周期的研究，有很大一部分也适用于公司的发展与失败，无论公司规模是大是小。同样，他的研究成果也适用于你个人生活的得失。

汤因比根据他的研究，发展出了"挑战与应战"的理论。他发现，文明由小部落起步，这一小群人突然遇到了外来的挑战——通常是另一个敌对部落带来的。在商业领域中，这种外来挑战就表现为激烈的竞争和无法预料的市场波动。

汤因比发现，为了有效应对这些外来威胁，部落领导必须立刻重组部落，因为这样才能让部落里的人生存下去。如果他的决策和行动都是正确的，这个部落就能成功地应对挑战,打败敌人,并在这个过程中发展壮大。

但是,在发展壮大的过程中,这个部落也必然会引发与其他更大敌对部落的冲突,并制造出另一次危机。只要部落领导能继续引导部落发展,继续解决他们面临的不可避免的危机,这个部落就会继续发展壮大。

危机让你成长

汤因比对文明生命周期的研究,同样适用于你的个人生活与商业活动。从创立公司开始,你就会面临各种各样的问题、困难、挑战和暂时的失败。这些事情没有尽头。可能一个问题你还没解决,就

会遇到更大、更复杂的另一个问题。

  各种问题、挑战和危机总是不请自来,给你带来严重的影响。它们会在不经意间出现,你无法阻止也无法逃避,更无法一劳永逸地解决它们。在这个"挑战与应战"的方程里,你唯一能控制的就是你的反应。个人生活和商业活动中出现的各种不可避免的起伏,你能掌握的就是你的反应,而你的反应是由你决定的。

  所以,你应对危机的能力决定了你的生存、你的成功、你的健康、幸福与财富。面对一生中不可避免的各种危机,如果能有效应对,你就能不断成长。通过学习如何有效应对危机,你会不断变得更有经验、更博学、更智慧、更成熟。最终,你将收获成功。

谚语有云:"北风造就了维京人。"

哲学家尼采也写过这样的话:"凡是杀不死我的,都会让我更强大。"

✈ 在挑战中前进

挖掘出你的潜能、让你发挥出实力的方法之一,就是有效地处理危机。实现你的目标的方法之一,就是有效应对日常生活中不可避免的各种危机。

在生命中的危急时刻,要想做到最好,关键就是要专注于解决方案,而不是专注于问题。你越去思考可能的解决方案,就越会想出更多、更好的办法,你也会变得更积极、更专注、更有创意。你越专注在力所能及的行动上,你就越能掌控局面。

我们可以说,领导力就是解决各种问题的能力,特别是解决突发的、不可预料的重大问题的能力。对一个领导来说,最重要的素质之一就是临危不乱。

同样,取得成功的能力,也就是解决各种问题的能力。无论在哪个领域,有建树、受尊敬的人,都是那些有能力解决领域内问题的人。

好消息是,就在此刻,在你心里,你已经拥有了面对人生中的问题或危机的能力。只要运用你的智力和创意,你就能解决问题。只要专心致志,你就能克服困难。只要下定决心坚持到底,你就能跨越障碍。

有首小诗是这样写的:

天底下的任何问题,

要么有解决办法,要么没有。

前言 Preface

如果有解决办法，就去找到它。

如果没有解决办法，就别管它。

在危急时刻，你要做的事就是勇敢面对挑战，高效行动，不断前进，不断提升自己。现在，让我们开始论述能让你在危机中做到最好的21种方法吧。

> 对于成功，没有什么品质比毅力更必不可少了。毅力几乎能战胜一切，即使是大自然也不例外。
>
> ——约翰·戴维森·洛克菲勒（John Davison Rockefeller）
>
> 美国"石油大王"

目录
CONTENTS

第一章　掌控情绪　　　　　　　　　　/ 001

第二章　相信自己的能力　　　　　　　/ 011

第三章　勇敢向前　　　　　　　　　　/ 017

第四章　了解事实　　　　　　　　　　/ 025

第五章　掌控局面　　　　　　　　　　/ 034

第六章　及时止损　　　　　　　　　　/ 045

第七章　危机管理　　　　　　　　　　/ 054

第八章　绝不保密　　　　　　　　　　/ 062

第九章　认清限制因素　　　　　　　　/ 074

第十章　释放你的创造力　　　　　　　/ 082

第十一章　专注于关键领域　　　　　　/ 093

第十二章　要事优先　　　　　　　　　/ 102

第十三章　应对危机　　　　　　　　　/ 111

第十四章	解决现金危机	**/ 120**
第十五章	关心你的客户	**/ 130**
第十六章	完成更多销售任务	**/ 142**
第十七章	保持简单	**/ 156**
第十八章	保存你的能量	**/ 172**
第十九章	与精神力量建立连接	**/ 183**
第二十章	释放你的力量	**/ 192**
第二十一章	总　结	**/ 204**

第一章
掌控情绪

若想掌控外界的影响,必须先有能力掌控自己的情绪。

——塞缪尔·约翰逊(Samuel Johnson)

英国作家、文学评论家和诗人

你有一个神奇的大脑,它的大脑皮质层约有140亿个脑细胞,非常强大。在你的一生中,大脑会如同图书馆般,储存海量的信息,但你回忆起这些信息却只需要几秒。因此,无论你遇到什么样的危机,你都可以有足够的智力和心理资源去面对。

另外,你的想法也是非常强大的。它们能让你高兴也能让你生气,能让你兴奋也能让你平静,能让你变得积极也能让你变得消极。你脑中的想法决定了你感受到的情绪。当你身处危急时刻,或是突然遇到挫折或陷入逆境时,你要做的第一件事就是掌控你的想法,从而掌控你的情绪,这样才能让自己做到最好。

✈ 避免消极

在我曾就读学校教室的墙上有一幅海报,上面是一个极度焦虑的男人。海报上写着:"当你感到激动或心存疑虑时,绕圈狂奔吧,尖叫大喊吧。"但不幸的是,遇到危机时,很多人正是这么做的。

第一章 掌控情绪

当事态恶化时，人们会自然倾向于用消极的态度去应对，甚至反应过激。你可能会心烦、生气、失望、害怕。这些让你充满压力的想法和负面的情绪会很快让大脑的新皮层关闭或"换低档"，认知水平就会下降。你需要让大脑的新皮层正常运作，才能分析、评估和解决问题，并做出决定。

当遇到危机时，如果你无法立刻有意识地掌控你的情绪和心理状态，你就只能依赖于"战斗或逃跑"的本能反应：当事态恶化时，你自然会想反击，或者想逃跑。而无论哪一种，都不是处理危机的正确策略。

深呼吸

要做到在危机中保持冷静，首先你需要尽量避

免这种不假思索的本能反应。你可以先做几次深呼吸来保持冷静,然后仔细思考接下来要说什么话,或要做什么事。

想象一下,所有人都在看着你。把这个危机想象成一种试炼,看看你究竟是个什么样的人。把你自己看成一位领导者,你的追随者们都在等待着你的反应,因为你的做法会为他们的行动定下基调。而你要下定决心,做他们的好榜样,向他们展示处理重大问题的正确方式,为他们好好地上一课。

负面情绪的主要来源,是期望与现实不符。事情全然不如你所料,这时,你立刻用负面的方式来应对,这很自然。但是,你要抵抗这种自然的反应。

第一章 掌控情绪

🔻 两种负面情绪

危机或挫折引发的两种主要负面情绪,是对失败的恐惧和对被拒绝的恐惧。两种负面情绪都可以让人生气、难过或者无力行动。

在这些情况下,你会感受到对失败的恐惧:你可能失去金钱、顾客、地位、名声或是另一个你在乎的人的健康,甚至是生命受到威胁。这些可能导致损失或失败的情况,特别是涉及金钱时,会让你产生压力、焦虑情绪甚至恐慌情绪。

至于被拒绝的恐惧,则是与以下负面情绪紧密相连:害怕被批评、被否定,或无法达到他人的期望。当事情出错时,你可能会觉得你很无能,比不上别人。你会觉得自己充满缺陷,感到十分尴尬。

你觉得丢脸，自尊心受到威胁。

这些面对恐惧时的反应都是正常又自然的。但重要的是，你如何应对这些恐惧。

要记住，面对危机，你的反应至关重要。危机就是一场试炼。与其反应过激，不如深呼吸放松下来，并下定决心，用平静的态度有效地处理问题。

你的归因方式决定了你的情绪

心理学家马丁·塞利格曼（Martin E. P. Seligman）认为，你的归因方式在很大程度上决定了你的想法、情绪和随之而来的行动。归因方式的定义就是："你如何向自己解释一件事发生的原因。"

你如何看待身边发生的事情、如何与自己对话，

第一章
掌控情绪

决定了你 95% 的情绪，无论这些情绪是积极或消极。如果你用有建设性的方式去看待不可预料的挫折，你就能保持冷静、掌控局面。

虽然你的脑中能容纳上千种想法，但同一时间你只能让其中一种想法展现。你有自由去选择那一种想法是什么。你的选择会决定你接下来是变得生气又慌张，还是冷静又镇定。

要记住，生活中的多数事情都不会一帆风顺，至少在刚开始时不会。要提醒自己，问题和困难都是生活中正常又自然的部分，它们是不可避免的。你能控制的，就是你的应对方式。

不必小题大做，不必把问题看作压倒性的负面消息。多数问题最后都不会像它们当初看起来那么糟。面对危机，最重要的五个字就是："这也会过去。"

✈ 先研究问题再着手解决

一种避免反应过激、让自己冷静下来的办法，就是问一问面临同样问题的其他人，并耐心聆听他们的回答。

在找到解决方法之前，你需要先完全理解自己面临的问题。有时候，找配偶或信任的朋友谈论你面临的问题，能大大帮助你保持冷静并掌控局面。你可以去散步，在路上多花点时间，同时重新审视这件事，用各种角度去看待问题，从而找出可能的解决方法。无论发生什么，都要保持乐观，在问题中寻找对你有益的东西。通常，看上去像是重大挫折的事，其实都是隐藏的机会。哪怕是一个项目、一段工作，甚至是一个公司的完全失败，都可能正好是你需要的。因为

第一章
掌控情绪

它们会促使你把时间和资源转到另外的方向上。

🔷 乐观面对问题

在每个困难和挫折中,你都要寻求宝贵的经验。在你面对的每一个问题里,都埋藏着一个种子——一个带来和问题同等大小,甚至更大的好处的种子。如果你训练自己总是往好的方面看,并在这个情境或危机中寻求宝贵的经验,你就能自然地保持冷静、积极、乐观。然后,你那神奇大脑中的力量,就能为你所用,帮你解决问题、应对危机。

当你面对危机时,花几分钟闭上眼睛深呼吸,并想象自己是冷静、自信、放松、完全掌控局面的人。下定决心,在他人面前表现得积极又乐观,说

话时温和又有礼。行动时,仿佛自己没有顾虑,无论发生什么事,都完全不能让你烦心。

▶ 实践练习

(1)无论面对任何问题或危机,都要往好的方面看,找到危机当中的益处。通常,你最大的问题也会是一种隐藏起来的机会。

(2)在每个挫折或困难中寻求宝贵的经验。把你的问题想象成一份上天送来的礼物,它让你从中得到宝贵的经验,让你将来变得更成功、更快乐。

永远都不要放弃,因为总有一天风浪会过去。

——哈丽叶特·比切·斯托(Harriet Beecher Stowe)

美国作家

第二章
相信自己的能力

如果没有勇气,就无法过上平和的生活。

——阿梅莉亚·埃尔哈特(Amelia Earhart)

美国飞行员,首位独自飞越大西洋的女飞行员

一次重大的挫折能让你对自己和自己的能力产生怀疑。当遇到意料之外的财务危机时,你会感到震惊又生气,就像心口被重重地打了一拳。当你突然陷入逆境或经历失望时,这些反应对我们所有人来说,都是正常又自然的。

无论发生什么,你都要提醒自己,你是一个非常优秀的人。你有良好的品格和智慧,也很有竞争力。无论发生什么,你都有能力应对,并妥善处理问题。

用积极的方式和你自己对话,并以此来重建自己的信心。你可以这样对自己说:"我喜欢我自己!我喜欢我自己!我喜欢我自己!"

✈ 积极的暗示

当事情出了大错时,你会对失败感到恐惧。你会立刻感到这种恐惧在你的胃里翻腾。你可能会觉得自己无能,没有竞争力,觉得自己是个失败者。当事情出错时,就算你已经尽力,你还是会经常自我怀疑。

幸运的是,你可以中和这些负面的感觉,方法

第二章
相信自己的能力

就是坚定地对自己说:"我能做到!我能做到!我能做到!"

告诉自己,只要下定决心,就能做到任何事。告诉自己,没有问题是解决不了的。把解决问题或化解危机的机会,看作是对自己品格和智力的测试。把它当成一种挑战、一份上天送来的礼物,它会帮助你增长知识并变得更智慧。

击破忧虑的四步行为准则

让你排除杂念、相信自己有能力解决问题的方法之一,就是快速运用"击破忧虑的四步行为准则"。

第一步,停下来,找出在这个问题或危机中可能发生的最坏结果。对自己和他人完全诚实地承认

这个最坏结果。

第二步,无论你设想出怎样的最坏结果,都要下决心接受它,这样你就能冷静下来并清除杂念。当你在内心接受了可能发生的最坏结果,你就不会再担心了。

第三步,如果最坏的结果真实发生了,你会怎么做。确定你将要采取的行动。

第四步,着手为这个可能发生的最坏结果设计改善措施。列出你能做到的减轻伤害或减少损失的所有行动。把你的时间和精力用于尽力达成最好的结果。

忧虑的解药

有目标的行动是忧虑的解药。与其心烦意乱、

第二章
相信自己的能力

怀疑自己,不如下定决心开始行动,这样才能解决困难,度过危机。要提醒自己,这些问题并不是为了阻碍你才产生的,它们可以让你有所学习、有所成长。

重要的是,不要把这些问题或挫折当成自己的过错。在商业领域中,无论你多聪明、多有经验,你70%的决定,终有一天会造成错误的或令人失望的结果。当坏事在你身上发生时,不要惊讶,也无须烦恼。这些坏事会发生在商业领域中几乎所有的人身上,组织中有一定权力的人也不例外。就像一句俗语:"问题在所难免。"

当你觉得自己正在向着目标前进时,你自然就会变得自信。让你自己忙于解决问题,这样你就没有时间为已经发生过的事情担心,特别是为那些你无力改变的事情担心。

> **实践练习**

（1）立刻有目标地行动起来，这样能让损失降到最低。

（2）不要自怨自艾，也不要冲别人发脾气。在忙碌的生活中，问题是正常而自然的一部分。相反，你应该承担起责任，专注于解决问题。

区分强者和弱者的普遍标准，就是强者坚持到底，而弱者犹豫不决、踌躇不前、虚度光阴，最终崩溃或认输。

——艾德温·珀西·惠普尔（Edwin Percy Whipple）

美国散文家、批评家

第三章
勇敢向前

勇气是有感染力的。当一个勇敢的人站了出来时，其他人也会受到鼓舞，挺起胸膛。

——葛培理（Billy Graham）

美国基督教福音布道家，神学家

当你的公司遇到危机时，你必须首先考虑公司的生存。非常时期通常需要非常手段，你要做好准备，为了解决危机、挽救公司，你可以大胆地做任何必要的事。

压力是成功的跳板
CRUNCH POINT

纵观历史长河中的各个领导者,在他们具有的品格中,最常见的就是远见卓识。领导者们能够看见一个清晰而又令人兴奋的目标,知道自己要去往何方,知道将来要做到什么。他们可以向身边的追随者清楚地描述这个愿景。这样,这个愿景能成为一个路标,激励人们不断前进,做到更好。把领导者和追随者区分开的,就是领导者的远见卓识。

各个领导者的品格中第二常见的,就是勇敢。丘吉尔写过这样的话:"我们认为勇气是各种美德中最重要的。这是正确的,因为所有其他的美德都依赖于勇气。"

第三章 勇敢向前

✈ 每个人都会害怕

每个人都会害怕,这是事实。我们都有不同的恐惧,无论是大是小,无论隐藏起来或暴露在外。马克·吐温说:"勇气并不意味着没有恐惧,而是能够掌控恐惧。"在危急时刻,你必须鼓起勇气,做出重要的抉择,对依赖于你的组织和员工采取必要的手段,来保证他们的生存与安康。

对失败的恐惧可能造成的最坏结果,就是你会变得无力行动。你会惊慌失措,如遭雷击、被冻僵一般。对失败的恐惧,可以让坚强的人都变得犹豫不决。

❻ 做你害怕的事

拉尔夫·沃尔多·爱默生（Ralph Waldo Emerson）写道："如果你想成功，你必须下定决心，去对抗你自己的恐惧。如果你真的去做了你害怕的事，你肯定就不会再害怕了。"

如果你能面对自己的恐惧，去做你最害怕的事，你就会感觉自己充满了勇气。在商业领域中，人们最大的恐惧就是对辞退别人或被辞退的恐惧，以及对财务损失或破产的恐惧。次之，就是对冲突的恐惧。很多人都会害怕做出重要的决定，害怕用清晰又直率的方式与他人沟通。他们害怕对方会生气，与自己产生冲突。但是，如果你不能和公司内外的人正面沟通，这对公司来说，往往是致命的缺陷。

第三章
勇敢向前

幸运的是,只要你勇敢行动,你就能培养起自己的勇气。当你能去做自己害怕的事时,自然就会感觉自己更勇敢了。生活中,要先做出勇敢的行动,才能拥有勇气。要勇敢地行动起来,哪怕你不喜欢这样做。然后,你自然就会变得勇敢。爱默生还写道:"去行动吧,你就会拥有力量了。"不要害怕做出重要的抉择,特别是当这些抉择涉及人事或支出时。

进入危机模式

当你的公司遭遇突如其来的危机时,你必须进入"危机模式"。你必须假设自己的公司已经濒临失败,然后,你再开展行动。

如果你面临破产的危机,你要如何拯救你的公

司?你会怎么做,会削减哪些开支?如果你计划在未来才采取这些行动,来挽救自己的公司,那现在就立刻行动起来,千万不要拖延。

要保卫你的公司和保持你的财务状况良好,你就要有勇有谋。要敢于中止任何商业行动,或者缩小它们的规模。如果有必要,暂时解聘那些非必需或无作为的员工,不要犹豫。在商业领域中的失败的其中一个主要原因,就是害怕解聘关键岗位上的无作为的员工。

勇气的两个部分

勇气分为两个部分。勇气的第一部分就是敢于开始。在你无法保证成功时,也要心怀信仰、勇敢

第三章
勇敢向前

踏出第一步。这是勇气中很重要的一个部分,你可以通过练习来掌握这一部分。勇气的第二部分,就是坚持不懈。哪怕你感到失望、遭遇暂时的失败,也要勇敢地坚持下去。

在商业领域中,你要做的就是锻炼自己,让自己拥有勇气,采取任何必要的手段来解决问题并度过危机。若能做到这些,你才是一位优秀的领导者。

▶ 实践练习

(1)找出你害怕面对的人、害怕置身其中的场景和害怕采取的行动。下定决心,马上解决那些让你害怕的问题,然后把它们全部抛在脑后。

(2)当你受到威胁时,你会做出怎样的决定?

现在就去执行这些决定。就像莎士比亚写过的:"面对诸多麻烦事,行动起来,就能解决它们。"

有些人在快要达到目标的时候就放弃了,而有些人在这最后时刻反而会更加努力,所以这些人才能成功。

——希罗多德(Herodotus)

希腊历史学家

第四章
了解事实

对勇气的最大考验,就是忍受失败而不失去信心。

——罗伯特·格林·英格索尔(Robert Green Ingersoll)

美国律师

获得成功的第一要素,也许就是清晰的认知——知道你是谁,想要什么,你面对的环境都有哪些细节。你对你面临的危机了解得越多、越详尽,你就越能保持冷静,并做出更好的决定。

杰克·韦尔奇(Jack Welch)是通用电气(General

Electric）前首席执行官，当代成功、伟大的企业家。他认为，在所有领导力的原则中，最重要的一条就是"现实原则"。他把"现实原则"定义为"如实地面对世界，而不是面对你理想中的世界"。每当韦尔奇在通用电器出席解决问题的会议时，他的第一个问题总会是"事实是什么"。

✈ 事实不会说谎

哈罗德·杰宁（Harold Geneen）曾担任国际电话电报公司（IT TInc.）总裁。他经常说，在商业世界解决问题和做出好决定的最关键要素，就是要"了解事实"。

你必须要了解确凿的事实，而不是别人宣称的

第四章 了解事实

"事实"、假定的"事实"、你希望发生的"事实",或者想象中的"事实"。先了解确凿的事实,然后再依据此做出决定。就像杰宁说的那样:"事实不会说谎。"

只要你在生活或商业领域中面对危机,在做出任何决定或者反应之前,你应该先在心里给自己喊下暂停,然后集中精力,尽可能地收集所有信息。

✈ 提出关键的问题

提出关键的问题,并仔细聆听答案。下列问题将有助于你了解确凿的事实。

情况到底是怎样的?

压力是成功的跳板
CRUNCH POINT

发生了什么?

是怎么发生的?

是在什么时候发生的?

是在哪里发生的?

都有哪些已知的"事实"?

我们怎么知道这些"事实"是否确凿?

涉及哪些人?

是谁负责去做(或者谁不需要去做)特定的事?

你仅仅是做提出问题并了解确凿的事实的动作,就能保持冷静,还能变得更加勇敢、自信。你了解的确凿的事实越多,就会感觉自己越强大、越有能力做出好的决定,来解决问题并度过危机。

你要提醒自己:"如果解决不了这件事,就要去

第四章 了解事实

忍受它。"一件事发生了就是过去了,你不能再改变它,它已经变成了一个事实。永远不要为一个你无法改变的事实担忧或烦恼。把精力放在你能做的事情上,而不是你做不到的事情上。

深入挖掘,获得更多信息

忍住冲动,不要因为其他人的错误和缺点而生他们的气或责备他们,特别是在你了解确凿的事实的过程中——这个时机不对。应该说,任何时候都不要责怪他人。你应该集中精力去了解确凿的事实、理解情况,判断自己应该采取怎样的行动。

这就意味着要找到更多问题的答案,以便获得更清晰的认知。在任何危急情况下,你能问的两个

最好的问题就是"我们现在要做什么?"和"我们应该怎么去做?"

永远不要假定你已经收集到了全部的信息,或者你收集到的信息都是正确的。一个"事实"对你的决定越重要,你就越要反复核实它,确保你了解的"事实"是确凿的。你可以用以下这些问题来深入挖掘更多信息。

对当前的情境,我们有哪些假设?

如果我们的假设出了错,该怎么办?

如果我们的其中一个主要假设是错的,意味着什么?

有哪些做法是我们必须改变的?

第四章
了解事实

✈ 相关性与因果关系

最后,为了让你对自己的情况有绝对清晰的认知,千万不要把相关性和因果关系混为一谈。大多数人都倾向于过早下结论。在很多情况下,当两件事同时发生或接连发生时,人们就会认为一件事是另外一件事发生的原因。

但是,两件同时发生或接连发生的事,在很多情况下都是毫无关联的。假定两件事之间存在因果关系,可能会让你陷入困惑,并做出糟糕的决定。千万不要让这样的事发生在你的身上。

在危急时刻,把你自己想象成自己的管理顾问,你是被雇来客观分析问题的。你要像一个"问题侦探"那样行动,先问问题,而不是先去决定该做什么或

者不做什么。要去收集确凿的事实。这些事实不会说谎。如果你收集到了足够的确凿的事实,合适的解决方案与正确的行动就会在你的脑海中逐渐浮现出来。

▶ 实践练习

(1)面对一个正在困扰着你的问题,想象你是一位管理顾问,被自己聘来为自己全面地分析这个问题,然后对你的客户(你自己)提出有关解决方案的建议。在做出任何结论之前,问关键的问题,努力获得更多信息。

(2)收集所有相关的确凿的事实,来确定问题的真实情况。首先集中精力理解发生过的事情,而不是急于下结论。

第四章 了解事实

任何人要取得成功之前,都可能遇到诸多暂时的挫折或失败。当挫折打倒了一个人时,最容易做的、最合逻辑的事,就是放弃。多数人正是这么做的。

——拿破仑·希尔

美国成功学大师

第五章
掌控局面

所有其他美德都需要依赖勇气这一阶梯,才能发挥作用。

——克莱尔·布思·卢斯(Clare Boothe Luce)

美国文学家、外交家

当事情出错时,当你突然遭遇逆境、经历失望时,你自然会倾向于消极应对,会生气或者害怕。每当你因遭受损失或批评而感觉受到伤害或威胁时,你就会用"战斗或逃跑"的反应来保护自己。

作为一位领导者,你首先要做的,就是牢牢掌

第五章
掌控局面

控住自己的想法和情绪,然后才能掌控局面。

领导者关注未来,而不是过去。他们着眼于现在能做的、有助于解决问题或改善情况的事。他们把注意力放在自己能控制的事、自己接下来的决定和行动上。因此,你也必须这么做。

✈ 成为你自己的周转专家

当一家公司陷入严重的危机时,董事会通常会罢免现有的总经理,并请来一位周转专家。这位周转专家会立刻取得公司的全部控制权。他在他的办公室里做出所有决定。他控制着所有的支出——小到签发每一张支票——这样他才能确切地知道公司都有哪些支出,这些钱都付给了谁。

压力是成功的跳板
CRUNCH POINT

这位周转专家会和所有的关键人物会面,以便准确地评估情况,然后给出建议,指出要立刻采取哪些行动来化解危机。接下来,他就会果断、大胆地开始行动。只要有必要,他就会做出重大的抉择,包括关闭工厂、出售部门、解聘大量员工或让他们暂时停工。换句话说,为了拯救公司,他会做所有必要的事。

要想成为你自己的周转专家,要想在危机中全面掌控你的公司或组织,你要做的第一件事,就是为你自己和从此刻起发生的所有事情承担起全部的责任。领导者能承担责任,并掌握主导权。当不了领导者的人,则会逃避责任、把事情推给其他人。

重要的是,你必须让自己保持积极和专注。为了做到这一点,你可以反复对自己说这样的话来提

第五章
掌控局面

醒自己:"我要负起责任!我要负起责任!我要负起责任!"

对自己说:"无论事情变成怎样,都是由我决定的。"

最重要的是,无论发生什么事,你都不能怪罪任何人。愤怒以及其他所有负面情绪,都会因为你怪罪他人而产生。只要你不再因为已经发生的事而怪罪别人,并且为未来承担起责任,你的负面情绪就会消失,你的头脑就会变得冷静,思路就会变得清晰。这样,你就可以做出更好的决定。

悲伤的五个阶段

精神病学家伊丽莎白·库伯勒·罗斯(Elisabeth

Kübler-Ross）的成名作《论死亡与临终》(*On Death and Dying*）论述了经历悲伤的人在心理上要经历的几个阶段。当你的公司遭受重大挫折时，你也会经历相似的心理阶段。理解这五个心理阶段以及它们引发的各种情绪，你就能够从挫折和失望中更快地恢复过来。

悲伤的五个阶段分别是否认、愤怒、讨价还价、抑郁和接受。经历过这五个阶段之后，你就能从悲伤中恢复过来，重新掌控局面。

悲伤的第一个心理阶段是否认。你会感到很震惊，觉得这个问题不可能发生、不应该发生。这个问题严重影响了你的公司和你的生活。你的第一反应就是否认它，希望这件坏事不是真的。

悲伤的第二个心理阶段是愤怒。面对着你的财

第五章
掌控局面

务危机或个人问题,你自然想要对你感觉应该对此负责的人和组织发泄怒火。

悲伤的第三个心理阶段是讨价还价。在商业领域中,人们常常会大张旗鼓地想要找到一个可以怪罪的人,想知道这个人究竟犯了什么错。会有人被斥为无能或不诚实,并通常被解聘。这种行为满足了很多人内心深处的需求,那就是每当事情出错时,就要怪到某个人头上。

悲伤的第四个心理阶段是抑郁。不可避免、无法挽回的问题已经发生了,这就是事实。它已经对你造成了伤害,让你损失了金钱。抑郁的感觉通常伴随着自怜的感觉。你会觉得自己是个受害者。你往往会觉得失望、被其他人欺骗或背叛了。你感到自己很悲惨,不明白为什么这样的事会发生在自己

身上。

悲伤的第五个心理阶段是接受。当你终于来到了这个阶段时,你意识到事情已经发生,无法挽回,像打碎的盘子或打翻的牛奶。你终于能够接受所有损失,并开始向前看。

在你终于能够接受一个问题之后,你才可能恢复过来。这个时候,你才能完全控制自己并掌控局面,开始思考接下来该怎么做,才能解决问题并继续向前。

你恢复的速度有多快?

每个人在经历悲伤时,都要经历这些心理阶段:否认、愤怒、讨价还价、抑郁和接受,并最终恢复过来。唯一的问题就是:"恢复的速度有多快?"

第五章
掌控局面

要判断一个人心理是否健康,一个标准就是他面对生活中不可避免的起伏时的适应能力的高低。就像演说家吉格·金克拉(Zig Ziglar)说的那样:"你从多高的地方摔下来并不重要,重要的是你重新站起来之后能爬多高。"

当你面临危机时,当你遇到重大挫折或困难时,你要做的就是勇敢应对挑战,把损失降到最低,然后带领着你的组织向未来前进。关注能做的事情,而不是该去责备谁。如果有人犯了错,不要生他的气,也不要惩罚他,而要用善意和同情心去对待他。

每个人都会犯错

要认识到每个人都会犯错。总有事情会出错的。

压力是成功的跳板
CRUNCH POINT

就算是最优秀、最有竞争力的人,偶尔也会做傻事,你当然也会。

国际商业机器企业(即 IBM 公司)的创始人托马斯·约翰·沃森(Thomas John Watson Sr.)有一个著名的故事。有一天,他把 IBM 公司里一位年轻的副总经理叫到他办公室里来,那位副总经理刚刚花掉了公司 1000 万美元去发展一条新的生产线,但失败了。

那位副总经理一走进沃森的办公室,就说道:"我知道我损失了那么多钱,你肯定会开除我。我只想让你知道,我很抱歉,我这就走,不会再给你添任何麻烦。"

听完那位副总经理的话,沃森做出了著名的回答:"开除你?你肯定是在开玩笑吧!我刚刚在你的

第五章
掌控局面

教育上投资了 1000 万美元！现在，我们来谈谈你的下个任务是什么。"

不要把好的坏的一起丢了。就算是最优秀的人才——包括你在内——也会犯错。在犯错之后，应该注意的是如何控制损失，还有将来能做什么。然后，深呼吸，放下这件事。这是解决任何商业问题的关键。

> **实践练习**

> 第一，对问题承担起全部的责任，抓住主导权。尽快度过悲伤的五个阶段——否认、愤怒、讨价还价、抑郁和接受。然后，你就可以开始恢复了。
>
> 第二，不要因为任何事去怪罪任何人。要接受"所有人都会犯错，而所有错误都会造成金钱损失或

感情受伤"。把精力放在现在能做的、能解决问题的行动上。

除非不愿继续尝试,除非内心先认输,否则都不算失败。除非自身意志薄弱,让你无法达成目标,否则没有真正无法克服的困难。

——阿尔伯特·哈伯德(Elbert Hubbard)

美国作家

第六章
及时止损

我们认为,勇敢是所有美德中最伟大的一种,因为如果一个人不勇敢,他就不能保证自己的其他美德能发挥作用。

——塞缪尔·约翰逊

英国作家、文学评论家和诗人

在21世纪,要获得商业上的成功,最重要的就是要保持灵活。在这个信息爆炸、科技飞速发展、国内外竞争也变得越来越激烈的时代,无论是产品、服务、工作流程,还是市场和顾客,都在比以往更

快速地变化着。面对这种急速而永不停止的变化，你一定要保持自己的灵活性，才能保持自己的心理健康，更好地生存和发展。

达尔文曾写道："能生存下来的，并不一定是最强壮或最聪明的物种，而是那些能够最快适应环境变化并调整自己的物种。"

要记住，在商业世界，你70%的产品和服务在市场上最终都不会成功，或者至少不会获得你想要的成功。就算当初看来是你做过的最好的决定，也可能因为环境的变化，而变得不再有效。另外，你70%的员工，他们的工作质量最后都不如你当初期望的那么好。

第六章 及时止损

零基思考法

要想在混乱之中保持灵活性和适应能力,要想应对不可避免地降临在你身上的危机,你能利用的最重要的工具,可能就是我称之为"零基思考法"的方法。

"零基思考法"指的就是你要停下来、后退几步、客观地审视你的公司,就像一个外来者在观察它。你要问这样的问题:"有没有什么事,是我现在正在做的,但是因为我现在知道了更多信息,如果今天有重来的机会,我就不会重蹈覆辙?"

要约束自己,定期问这个问题,并给出诚实的答案。要对你正在做的所有事情提出上述问题,这样你才能真正面对你现在所处的环境。而这么做需

要巨大的勇气。

因为你现在知道了更多信息,如果今天有重来的机会,有没有什么现有的产品或服务,是你不会向市场提供的?

如果有,你接下来就一定要问自己:"我要如何终止提供这项产品或服务?我能多快做到?"

管理学专家彼得·德鲁克(Peter Drucker)把这个过程称为"有创意地舍弃"。你必须做好舍弃任何产品或服务的准备,以便把时间与资源用来推广更受欢迎、更能赢利的产品或服务。

✈ 你对所有事情都可以提出类似以下问题的问题

因为你现在知道了更多信息,如果今天有重来的

第六章
及时止损

机会,有没有什么商业活动是你今天不会开展的?

因为你现在知道了更多信息,如果今天有重来的机会,有没有什么费用是你不会再付的?有没有什么公司里的工作方法或流程,是你今天不会用到的?

因为你现在知道了更多信息,如果今天有重来的机会,有没有哪些人是你不会再聘用的?如果他们今天来应聘他们现有的岗位,你还会再聘请他们吗?

因为你现在知道了更多信息,如果今天有重来的机会,有没有哪些人,是你不会再让他们升职,或者不会再让他们负责某件事的?

因为你现在知道了更多信息,如果今天有重来的机会,在你的个人生活中,有没有什么关系或场景,是你不愿再次置身其中的?

因为你现在知道了更多信息,如果有你今天不

愿意重新经历的任何事，你必须赶快行动起来，尽快摆脱它们。如果不能对自己提出类似上述问题的问题并诚实地回答它，你的公司就很可能会在商业领域中失败。

✈ 在街对面东山再起

判断自己如何及时止损的另一种方法，就是想象一下，有一天早上你来上班，却发现你的整家公司都被大火夷为平地。幸运的是，你的员工都安然无恙，他们正站在停车场，看着办公楼被烧毁。

好在，街对面就有闲置的办公室，你们可以立刻搬进去，重新开始营业。如果这样的惨剧今天发生在你身上，你需要重新开设你的企业。

第六章
及时止损

你会立刻开始生产哪些产品,或者提供哪些服务,以供销售?

有哪些产品或服务是你今天不会再提供的?

你会立刻联系哪些客户?

你会首先开展哪些商业活动?

如果你要重新开始,有哪些工作流程和商业活动是你不愿意再重新使用和进行的?

你会把哪些员工带到新办公室去?哪些人是你最重要的员工,又有哪些员工不是必要的?

如果为了挽救你的公司,你需要缩小一项业务的规模或中止乃至去掉它,或者你需要解聘某些员工或让他们暂时停工,你就应该立刻去做,千万不要拖延。节省任何非必要的花销、停止任何非必要

的活动。回到问题的根本,把精力放在那 20% 产出最高的产品、服务和员工上。

无论从短期还是长期来看,你是否愿意在危急时刻做出必要的重大抉择,并及时止损,很大程度上决定了你会成功还是会失败。

▶ 实践练习

(1)在你的工作和个人生活的每个部分,运用"零基思考法"。因为你现在知道了更多信息,如果今天有重来的机会,有没有什么事情,是你不会再去做的?

(2)想象一下,如果你有机会重新开设你的公司,或者把你的人生重新来过,你会做哪些事,不会做哪些事?有哪些事是你愿意重新开始的,又有

第六章 及时止损

哪些事是你宁愿放手的?

朴素的、严格而不断的坚持,几乎总能让你达到目标。因为这种坚持的沉静的力量,会不可避免地随着时间的流逝而不断增长。

——歌德

德国诗人,剧作家和思想家

第七章
危机管理

勇气意味着尽管害怕，但还是往前迈出了一小步。

——贝弗利·希尔斯（Beverly Sills）

美国女高音歌唱家

在一个快速变化、竞争激烈、充满风浪的商业环境中，每两三个月，你就会遭遇某种危机。而你的财务危机、家庭危机或健康危机等，也会以相同的频率爆发。

危机的定义，就是在一个完全处于意料之外的

第七章 危机管理

情况下发生的重大的问题或挫折。危机极具破坏力,你必须放下手头在做的事,优先处理它。危机会强迫你进入"红色警报模式"。

一个危机发生的时刻也是一个关键时刻、挑战时刻。无论你选择做什么,或者没能做成什么,都会为你的公司或你的个人生活带来重大的后果,这些后果或积极或消极。

面对危机时要做的四件事

当危机发生时,有四件事是你必须马上做的:

(1)止损。练习如何控制损失,尽可能地减少损失。在所有开销上都要尽量节约。

（2）收集信息。了解事实，和关键人物谈话，以便确切了解你正在面对的问题。

（3）解决问题。要训练自己，只考虑解决方案，考虑你能马上采取什么行动，来让损失降到最低，并解决问题。

（4）以行动为导向。考虑你下一步要做什么。通常来说，无论做什么决定，都比不做决定要好。

你要提醒自己，你能够胜任。你能做到，你能够找到答案并解决危机。你拥有高效解决这个危机所必需的技能、智力、经验和能力。要记住，问题永远都会有答案，会有某种解决办法，你要做的就是找到解决方案。而通常，解决方案就包含在问题之中。

第七章 危机管理

✈ 预测危机

无论在商业领域还是个人生活中，要想成功，其中一个关键的策略，就是"预测危机"。每个领域的顶尖人物——经理、执行官、企业家，还有各种领袖，尤其是军事领袖——都会采用这个策略。

要预测危机，你可以考虑 3、6、9、12 个月后的未来，并问自己："会发生什么可能会扰乱我的商业活动或个人生活的事？"然后思考，"在所有可能发生的事情中，最糟糕的事情是什么？"

不要欺骗自己的大脑。不要希望，也不要假装某些事永远不会发生在你身上。这种思维方式是不必要的，甚至可能带来麻烦。

你要培养这样的思维方式："如果这种事发生

了，应该怎么做？"即使灾难性事件发生的可能性很小，卓越的思考者也会仔细考虑灾难性事件发生的所有可能后果，并根据自己的想法，提前做好准备。

✈ 制订应急计划

你需要为可能发生的紧急情况和危机制订应急计划。如果出了严重的问题，你会怎么做，第一步要做什么，第二步要做什么，你会如何反应？

想象一个场景——有故事情节和计划——来描述负面情况发生时你的处理方法。这被称为"推算式思维"，是善于解决问题的人的标志。拥有这种思维方式的人想象未来会发生什么，然后让思维回到现在，在事情可能发生之前做好计划。

第七章
危机管理

让·保罗·盖蒂（Jean Paul Getty）曾经是非常富有的实业家。有一次有人问他对风险是怎么看的。他回答说，当他开始一项商业活动时，要思考的第一件事就是"在这个情况下，可能发生的最坏的事情是什么"。然后，他会尽一切努力，保证最坏的结果不会发生。你也应该这么做。

✈ 避免危机重演

通常情况下，危机是只出现一次的、意料之外的负面事件。如果在你的公司或个人生活中，有一个经常反复出现的危机——特别是和现金有关的危机——那就说明你面对的是更深层次的问题，通常是由能力不足或组织工作不到位所导致的。

压力是成功的跳板
CRUNCH POINT

为了确保危机不会重演,在你第一次解决一个危机后,需要对发生过的问题做出全面的事后情况说明。到底发生了什么事?这些事是怎么发生的?你从中学到了什么?你能做些什么,来确保类似问题不会再度发生?

斯坦福大学对《财富》美国 1000 强 ❶ 企业中优秀首席执行官的研究显示,对优秀的领导者们来说,最重要的一项能力之一,就是应对危机的能力。你能否很好地应对不可避免的危机,是衡量你的智

---

❶ 《财富》美国 1000 强(Fortune 1000),是指美国《财富》(Fortune)杂志每年评选的全美最大的 1000 家公司的排行榜,以公司的营业额为排名标准。——编者注

第七章
危机管理

慧和成熟度的好标准。你预测危机的能力,还有从危机中学习的能力,都是面对随后发生的危机所必需的。

> **实践练习**
>
> (1)找出明年可能发生在你的公司里的三件最糟糕的事情。你今天能做些什么,来尽量减少这些最糟糕的事情可能造成的损失?
>
> (2)找出可能发生在你的家庭和个人生活中的三件最糟糕的事情,然后采取措施,确保它们不会发生。

三军可夺帅也,匹夫不可夺志也。

——孔子

中国古代思想家、哲学家、教育家、政治家

第八章
绝不保密

衡量勇气的最好方法,就是看一个人能克服多少恐惧。

——诺曼·F. 狄克逊(Norman F. Dixon)

英国心理学家

你在商业活动与个人生活中 85% 的问题,都是因为你没能和身边重要的人有效沟通所导致的。在危急时刻,你必须让公司内外的关键人士了解现在正在发生的事。这个行动能帮助你成功度过危急时刻。

第八章
绝不保密

下定决心,无论对任何人,都要奉行"绝不保密"的原则,不要让他们因从别的地方得知消息而受到惊吓。通常来说,让别人受惊都不是什么好事。没有人喜欢通过小道消息得知坏事,特别是感觉自己是出于某种原因才被蒙在鼓里。

当事情牵扯到自己的钱财或者工作时,人们很容易会感情用事。面对任何可能让自己损失钱财的事,多数人都会用负面的方式去应对。如果员工觉得自己面临降薪或其他工作问题,他们就会变得非常情绪化。

快速处理问题

在很多情况下,你的公司的危机是和现金有关

的严重问题引发的。公司运转所必需的款项可能会突然短缺。在这种情况下,你必须快速行动起来,及时止损,并安抚那些被这类财务问题所影响的人,打消他们的疑虑。

让你的员工坐下来,把情况告诉他们。清楚而冷静地向他们解释发生的事情,不要夸张也不要激动。向你的员工解释你为了解决危机正在做什么事,还有他们每个人将如何发挥作用,来共同帮助公司度过这段困难时期。

关于如何削减成本或更快收到账款,问问你的员工的想法和建议。问问他们有什么想法能帮助公司度过这场危机。如果请你的员工来提建议,你会惊讶地发现,他们竟然有这么好的想法。

第八章 绝不保密

坏事传千里

无论是在公司内部还是外部,唯一比光速传播更快的,可能就是关于你公司的谣言。无论你如何尽力保密,最坏的消息都会传到你最不想让他知道的人的耳中——简直比夏天的闪电速度还快。有一次,在我的研讨会上,有人漫不经心地告诉我,他的一个在美国另一端的客户有和现金有关的严重问题。后来,我发现他说的是真的。人们得知和传播这些坏消息的速度,简直比互联网传播信息的速度还要快。

当我们还是小孩的时候,就学会了"比坏消息更快地跑回家"这条规矩。换句话说,不要让你的商业活动中的关键人物从别的渠道得到坏消息。要

确保没人比你更早地把坏消息告诉他们。

采用信息共享的领导策略

在战争中,每当遇到危机时,在危机中期,乔治·华盛顿总是让他的军官们坐在一起开会,征求他们的建议。所以,他能让他的军队团结,并最终打赢了美国独立战争。在华盛顿和军官们的这些会议中产生的想法和策略,往往能够带来有效的行动和战斗的阶段性胜利,并最终决定了整场美国独立战争的进程。

另一方面,北美英军副总司令查尔斯·康沃利斯(Charles Cornwallis)的做法却完全不同。他从不向他的军官们提供任何情报,而是把所有消息都

第八章
绝不保密

留给自己。他一个人做出决定,然后从他的驻扎地里走出来,直接向他的军队和军官们下命令。尽管他一开始拥有巨大的优势,但最终,他还是被华盛顿打败了,因为华盛顿的军队能够保持讨论并达成共识。这件事给我们所有人以启示。

✈ 不隐瞒财务问题

如果你有财务方面的问题,就要对你的银行、供应商与每位债权人都奉行"绝不保密"的原则,在他们从别的地方得知消息之前,先告诉他们你的情况。无论你做什么,都不要隐瞒你的财务危机,或延期还债。

亲自去你开有账户的银行,和你的银行经理面

对面坐下来谈谈，解释一下你所面临的情况。向他说明这种情况是暂时的，而且你已经为解决财务问题做好了计划，并已经开始行动。你可以提议目前只支付借款的利息，直到你的情况好转。

许多商业领域的人不明白的是，不良贷款对负责你的账户的银行经理来说，会变成一个警示性的"红色信号"和一个重大的问题。如果你完全无法还款，银行为了保护其资产，只能扣押你的银行账户中的资产，甚至取消你为借款提供的抵押品的赎回权。

然而，如果你同意先只支付利息，就不会引发如此严重的不良后果。之前，我学到的这个小知识在我的财务危机中挽救了我。

打电话给你的债权人们，或者登门拜访他们，

第八章
绝不保密

告诉他们你的情况。不要拒绝付账，不要拖延付款时间，也不要给他们开空头支票。相反，解释一下你的财务状况，并提议每月支付少量的钱，直到你的财务状况好转。

供应商们通常经验丰富。你的供应商们非常清楚，他们的客户偶尔会遇到现金短缺。所以，你可以和他们讲道理。但他们喜欢你开诚布公，而不是托词与否认。如果你坦率地告诉他们，你有财务问题，并向他们保证，一旦你度过危机，就会全额付款，他们通常就会放松下来，并且按你的需要给你宽限。

🛪 亲自去做

有些事情你可以委托给别人,但有些事情你必须亲自去做。这一点很重要。你是公司的总司令。当你的公司遇到财务困难时,你必须亲自与债权人打交道,这件事只有你能胜任。你不能将这件事委派给你办公室里的职员。这是只有你才能做的事情,也是你作为领导的一项关键职责。

为了让你的公司能够更快地获得现金,去找欠你钱的客户,请他们立刻给你付款。如有必要,给他们优惠来鼓励他们立刻付款。通常情况下,你可以给他们一个特别折扣,让他们愿意提前购买目前他们并不急需的你的产品和服务,并立刻付款。有很多人仅仅是通过亲自联系自己最好的客户,并寻

求他们的帮助,就摆脱了财务危机。

态度要坚决

如果是没有付款的客户造成或加剧了你的财务问题,请亲自去拜访他们,要求他们付款。要记住,这是你的危急时刻。如果他们拒不付款,准备好警告他们,你将用法律手段维护自己的权益。根据美国的商业法,如果在票据到期时债务人尚未付款,债权人有权告上法庭,甚至令债务人公司申请破产。法院会倾向于迅速采取行动,让一家拒不付账的公司关门停业。

通常情况下,如果听到不付钱就会被强制关门停业,不给你付款的公司总能找到钱来给你付款。

最重要的是,在联系那些被你的财务问题影响,或可能被影响的关键人物时,在与他们交流的过程中,你必须保持勇敢,保持积极主动。不要觉得羞愧或尴尬,你要像一位在战场上受伤的士兵那样,不会为伤口感到羞愧或尴尬。只要你经营着一家公司,这就是一种正常的、自然的、不可避免的经历。

▶ 实践练习

(1)确定哪些人是你的公司外部的关键人物,你需要他们持续的赞助与支持,才能保证公司的生存与发展。如果他们因为你的公司而产生的经济利益会受到威胁,一定要随时通知他们。

(2)确定哪些人是你的公司内部的关键人物,并

第八章
绝不保密

清楚地告诉他们发生了什么,你正在采取什么行动来处理问题。对每个人都要奉行"绝不保密"的原则。

如果一个人有着不可动摇的毅力与积极的心态,他就可以超越他的处境,并实现任何他想要实现的目标。

——塞缪尔·斯迈尔斯(Samuel Smiles)

英国作家

第九章
认清限制因素

困难看起来是大还是小,取决于你自己是强大还是弱小。

——奥里森·斯韦特·马登(Orison Swett Marden)

美国成功学大师

在你今天的处境与将来想达到的目标之间,总有几件事在阻碍你。要摆脱当前的困境,实现你的商业目标和个人目标,你必须认清自己的不足之处——那些限制你进步的因素。

在开始分析自己的限制条件时,你要非常清楚

第九章
认清限制因素

地知道自己的目标是什么。你想要实现什么、留住什么,还是想要避免什么发生?如果是财务上的问题,你需要赚到具体多少钱?要在什么时间赚到?你越清楚自己想实现的目标,就越容易找到实现目标的最佳方法。

把你的目标写下来。例如,你可以写下:"我的目标是在 5 月 31 日之前赚到 5 万美元现金。"这种目标是可衡量的、具体的。这种描述清楚的目标,让你很容易确定目前自己与目标之间的距离。这种目标还包括一个最后期限,让你可以检查进展。

确定了目标之后,列出你为实现这个目标而必须采取的行动。如果从你目前的处境出发,要到达目的地,你必须做的各种事情是什么?

明确主要的限制因素

一旦有了目标和计划,你就会问自己:"是什么因素限制了我实现这个目标?"你的主要不足之处、你的瓶颈是什么?换句话说,为什么我还没有实现我的目标呢?

你的目标可能是达到一定的生产力水平、销售量,或毛利或净利润。你实现目标的主要限制因素可能是机械、人力、财务、销售或客户。总会有一个主要的限制因素决定了你实现最重要的目标的速度。你的工作就是要弄清楚这个限制条件,这样你就可以着手去减轻它带来的限制。

第九章
认清限制因素

✈ 进行内部分析

分析限制因素时，你会发现80%的限制因素是内部的，它们或在你自己身上，或在你的公司内部。只有20%的限制因素是外部的，不在你自己身上，也不在你的公司里。

开始分析内部限制因素时，要问自己："我自身或我的公司有什么不足之处阻碍了我实现目标？"在很多情况下你会发现，阻碍你实现目标的主要限制因素，就是你的对失败的恐惧或被拒绝的恐惧。这两种恐惧让你无法采取必要的行动来完成你想要和需要做的事情。

无论你如何为自己找借口，那些借口常常会表现出你根深蒂固的恐惧和怀疑。通常情况下，你会

巧妙地为自己找借口，并无意中把自己定位为一个受害者，一个对正在发生的事情没有选择权或控制权的人。因为当你找借口或责怪别人时，你就不会再自责。你会原谅自己，觉得自己已经没法做些什么来改变现状了。不要这样做。

用一种方法可以看出你的借口是真实的理由，还是你的托词。方法很简单，就是问你自己："有没有其他人本能和我找同样的借口，却继续前进，并最终成功？"

如果你对自己保持诚实，你会立即意识到，有成千上万，甚至数百万的人，面对的情况比你想象的更糟糕，但他们还是成功了。如果情况是这样，你的借口就不是真正阻碍着你的困难。不要让它再妨碍你了。

第九章
认清限制因素

▽ 进行外部分析

限制因素里的第二种是外部限制因素,占总体限制因素的 20%。这种限制因素是由其他人的行为导致的。这些外部限制因素可能与市场、客户、销售、银行担保、应收账款的支付情况以及其他因素有关。即使你的主要限制因素来自外部,超出了你的控制范围,大多数情况下,你也能做一些力所能及的事来处理它们并尝试解决问题。

你可以练习一种我称为"无限制思维"的技巧。想象一下,你有无限的知识、技能、朋友、人脉、金钱和其他资源。只要你愿意,你可以做到任何事,成为任何人,拥有任何东西。如果情况是这样,你会立即采取什么行动?

如果你知道自己绝对不会失败,你会为自己设定一个怎样的伟大目标?如果你一定能实现自己的任何目标,不管目标是小是大,是短期还是长期,你会为自己设定什么目标?为了要实现这个目标,你第一步要做的是什么?

✈ 关注主要限制条件

你一旦确定了每个商业活动领域的主要限制因素,就要像一束激光一样,把全部精力集中于如何减少这些限制因素带来的限制。不要忙于解决核心问题以外的小问题,只关注那个比其他任何因素都更阻碍你的、主要的限制条件。解除这个限制可以帮助你用最快的速度实现你最重要的目标。

第九章
认清限制因素

> ▶ **实践练习**
>
> （1）确定你现在可以实现的、最重要的目标，实现这个目标可以对你当前的处境产生最大的积极影响。
>
> （2）确定减慢你达到这个目标的速度的、关键的限制因素或瓶颈。你能做些什么来减轻这个限制因素带来的限制呢？

> 永远记住，你想要成功的决心，比其他任何东西都更重要。
>
> ——林肯
>
> 美国第16任总统

第十章
释放你的创造力

不要祈求你的任务与你的能力相当。应当祈求的是,你的能力足以胜任你的任务。

——菲利普斯·布鲁克斯(Phillips Brooks)

美国作家

其实你本就拥有足够的心理资源和能力,可以解决问题、处理危机。你要做的就是释放这些心理力量,并把它们集中用于帮你尽快度过危机。

有时我会问我的听众:"美国收入最高的工作是

第十章
释放你的创造力

什么?"他们会给出各种各样的答案,出现的答案从政治家到发言人,再到辩护律师。听到听众们的回答后,我才会给出我的答案。

美国收入最高的工作是"思考者"。你清晰而优秀的思路、用头脑解决问题和做决定的能力可以为你和他人的生活创造更多的价值——比你能从事的其他任何工作更多。爱迪生将这种集中的脑力描述为"能够不断地将你身心里的能量用到解决一个问题上,而不会感到疲倦的能力"。

考虑潜在后果

这一点很重要。你可以通过考虑这样做或不这样做的潜在后果来判断一个行动的价值。分析任何

行动的潜在后果，是设定优先级的一种好办法。重要的行动会产生影响很大的潜在后果，而价值很低或没有价值的行动，就不会产生影响很大的潜在后果，你做不做都没关系。

精准地思考能让你每小时、每天所做的事情产生可能的最好结果。一个好的想法、点子或洞见可以改变你的生活，尤其是在危急时刻。这就是为什么释放你的创造力是你能为自己和家人取得非凡成就的关键。

爱因斯坦写道："每个孩子生来都是天才。"事实上，你生来就是一个潜在的天才。在你的内心中，有解决问题并实现目标的能力，但你必须发挥你的创造力，才能让这些能力产生作用。

第十章
释放你的创造力

✈ 用练习提升创造力

创造力就像肌肉，越使用就会变得越强。你能想出的解决问题和改善生活的主意越多，你日后能提出的想法就越多。通过利用你的创造力，你会变得更聪明，更能用各种方法来改善自己的生活与工作。

创造力的定义很简单，就是"改进"。任何时候，只要你开动脑筋，改变做一件事的方法以带来改进，你就是在发挥纯粹的创造力。当你面临生活或工作中的危急时刻时，你能否运用创造力来解决问题，并做出更好的决定，比以往任何时候都更重要。

🛫 定义问题

要释放你的创造力,有一个简单的方法。它需要你用有组织的方式来思考。

首先问自己:"问题到底是什么?"如果你是自己在工作,在一张纸上写下清楚的问题陈述。如果你是在与一群人合作,在一块白板上写下清楚的问题陈述,让每个人都可以看到。当每个人都对这个问题的定义达成共识时,接下来,你就可以再问一个神奇的问题:"我们还能用别的方式形容这个问题吗?"如果一个问题只有一个定义,你就要警惕了。

举个例子,一个问题的定义通常是这样的:"我们的销售额太低了。"如果你问大家:"我们还能用

第十章
释放你的创造力

别的方式形容这个问题吗？"你听到的回答可能是"我们对手的销售额太高了。"如果你继续问大家："我们还能用别的方式形容这个问题吗？"你听到的回答可能是"客户更喜欢我们对手的产品。"再一次问这个问题，你可能会听到这样的回答："与竞争对手相比，我们销售的产品还不够多。"

在我的咨询和指导工作中，我想出了21个用于销售分析的"如何用别的方式形容"的问题。我辅导的团队如何定义问题，决定了我们将实施哪种解决方案——从改进产品质量到增加广告投放，再到提高销售人员的技能。但在我们开始采取任何解决方案之前，都必须先弄清楚问题的定义。

✈ 找到解决方案

问题的真正定义,往往不是在表面上看起来最明显的那一种。一旦你和你的合作者们就问题的真正定义达成一致,你接下来要问自己和其他人的问题就是:"这个问题的理想解决方案是什么?"

你想到的第一个解决方案可能也很明显:"增加销售额!"但你要约束自己,接着问:"还有别的解决方案吗?"同样地,如果一个问题只有一个解决方案,你就要警惕了。

你形容问题的方式越多,就能以越好、越有创造力的方式来找到解决方案。仅仅通过正确地形容问题和找到解决方案,你就可以将解决问题的可能性扩大 10 倍、20 倍,甚至 50 倍。

第十章
释放你的创造力

✈ 用头脑风暴应对问题

另一种释放创造力的强大方法,是"20个答案法",又名头脑风暴。这是我迄今为止发现的、用于创造性思维和解决问题的最强大的一种方法。每周都有人给我寄信、发电子邮件,他们告诉我,他们用这个方法改变了自己的商业活动和个人生活。

你可以这样进行头脑风暴。把你的主要目标或困难以问题的形式写下来。例如,你的目标是在月底前赚到额外的5万美元,你就可以写下问题:"如何在未来30天内赚到额外的5万美元?"然后你要约束自己,为这个问题写出至少20个答案。你当然可以写出多于20个答案,但20似乎是能激发最大创造力的神奇数字。

压力是成功的跳板
CRUNCH POINT

要写出前 3 到 5 个答案会很容易，但写出接下来的 5 到 10 个答案会变难，而写出最后一系列的答案将会变得非常困难。但一次又一次，人们告诉我，第 20 个答案正是他们一直在寻求的、有时已经找了 9 个月的、突破性的解决方案。

一旦你为你的问题写出了 20 个答案，你就要选择至少 1 个答案，并立刻采取行动，能多快就多快。立刻采取行动能让你脑中的创造力之河保持流动。在接下来的几个小时里，你的大脑会像圣诞树上的装饰灯一样闪闪发亮，抛出各种往往能够带来重大突破的想法与洞见。

准备好接受反馈和自我纠正。不管你的想法看起来有多好，它都可能只是更长的旅程的第一步。有时，把一个新的想法付诸实践之后，你会得到即

第十章 释放你的创造力

时的反馈。这些反馈让你能够纠正这个想法,并尝试其他做法。通常,最终解决方案与你最初的想法都会有一些差别,但正因为你把第一个想法付诸行动,才能产生多米诺骨牌效应,你最终才能找到想要的解决方案。

永远不要忘记,你是一个潜在的天才。用上述其中一种方法,把你的精力一次只集中在一个问题上,你就能释放自己的创造力。试试这些方法,然后看看成果吧。

▶ 实践练习

(1)把你今天最大的困难用一个需要解决方案的问题的形式写下来。例如,"在未来 12 个月内,我们如何将利润提高 50%"。

（2）一旦你定义了自己最大的困难，问问自己，"还能怎么形容这个问题"以及"还有什么解决方案"。

> 那些坚持不懈的人能获得的回报，远远超过了他们在取得胜利之前要经历的痛苦。
> ——西奥多·威廉·恩斯特伦（Theodore Wilhelm Engstrom）
> 美国作家

第十一章
专注于关键领域

不是环境造就了一个人,而是人创造了环境。

——弗雷德里克·威廉·罗伯逊(Frederick William Robertson)

英国牧师

你最初陷入困境的主要原因之一,是你不再做那些在一开始让你成功的、基础的事情。

有时候,你能做的最有帮助的事情,就是回忆起你在公司成长和发展过程中忘记了的小事。比如,每家公司都是凭借公司所有者和关键员工所拥有的

某些核心竞争力起步的。你的核心竞争力是什么？你的核心竞争力，就是你做得特别好的事情——比你90%的竞争对手都更好。你最初的产品或服务，就是你的核心竞争力进入市场的延伸。你运用自己的核心竞争力，来生产一种产品或提供一种服务，并且用人们能够接受的价格将它推向市场。

在处理商业活动中不可避免的问题、令人失望之事与逆境时，你必须不断地问自己："我们擅长什么？""我们有什么事比其他人做得更好？""迄今为止，我们取得成功的主要原因是什么？"

🔽 成功来自少数

要记住，你80%的成果来自你20%的行动。换

第十一章
专注于关键领域

句话说,你80%的利润来自你20%的产品和服务,你80%的生产力来自你20%的员工,你80%的成功来自你20%的行动,依此类推。当你的公司突然遭遇逆境时,你必须后退几步,看清楚每个领域的前20%是什么。

从你专精的领域开始。请思考你应该把你的时间、注意力和努力集中在哪些你擅长应对的客户、擅长生产的产品、擅长的细分市场上?如果你问自己的客户:"我的公司在哪个领域有所专长?"他们会怎么说?公司产生问题的一个主要原因,就是你会倾向于从自己的专业领域扩张到不那么擅长的领域。

✈ 差异化领域和竞争优势

你的差异化领域是什么?这是商业成功的关键。什么是你能向客户提供,而竞争对手都无法提供的?你的公司能为你的客户做到什么事,而这些事让你在某方面与众不同?商业的规则是:如果你没有竞争优势,那就不要竞争。

你最重大的责任之一,就是确定或发展你的差异化领域、你的竞争优势,然后将你所有用于市场营销的努力集中在那里。你能为你的客户做什么事,而这件事是只有你能做,其他公司无法做到的?你"独特的卖点"是什么?

每家公司都有一个擅长的领域。你擅长的是什么?一定有你擅长的事,而这件事对你的客户来说,

第十一章 专注于关键领域

是重要的、有价值的。

同样,每个人也有一个或一个以上的擅长领域。在你的公司里,有什么事是你做得比其他人都好的?发展和利用你的差异化领域与竞争优势,是度过危机的关键。有时候,仅仅重新去做那些你为客户做得非常好的事情,就可以扭转你的整个局面。

保护你的核心竞争力

在你的公司里实施"大本营战略"。想象一下,你的公司就像一个被围困的城市。你必须一步一步地从外墙撤退到内墙,最后撤退到大本营——这是你的城市中最重要、保护得最好的部分。你的核心竞争力就是这个大本营。以下是寻找和保护你的核

心竞争力的八个关键点。

第一点,你的大本营由你最重要的产品和服务组成,它们为你的公司当前的成长和赢利起到了最重要的作用。如果你必须放弃提供大部分产品和服务,同时保证公司的生存,并最终在当前市场上取得成功,你要坚持保留的一两种产品或服务会是什么。

第二点,确定你的关键人物。你的20%的产出了大部分成果的员工都是谁。哪些银行经理、供应商和客户对你的公司的成功贡献最大。你应该立即采取什么措施,来确保他们的忠诚度,确保他们能继续支持你。

第三点,你的核心营销活动是什么。你做的哪些事能为你带来最多的优质潜在客户。你需要做些

第十一章
专注于关键领域

什么,才能在这些事里集中更多的时间和资源。

第四点,你最关键的销售渠道是哪些。最关键的销售渠道,指的就是那些产生最高且最可预测的利润、销售额与现金流的方法、工作流程和员工。你的最关键的销售渠道是什么,你需要做些什么,来让他们的成果最大化。

第五点,你的关键利润中心是什么。产生你的公司 80% 利润的那 20% 的商业活动是哪部分。你可以立刻做些什么,来增加在这些活动中的力量投入。

第六点,谁是你的顶级客户。这些客户是你拥有的最重要的客户,他们购买得最多,支付的金额最可预测,并且是你最大的利润来源。你需要做些什么,来确保他们在你身处危机时继续支持你。

第七点,想想你自己的个人技能、品格和特点。

有哪一件事，是你能做一整天的，这件事是否可以对你的公司的生存与成功做出最大的贡献。如何才能重新组织你的时间，以便你每天能花更多的时间去做那些对你的公司具有最大贡献的事情。

第八点，最后，你必须确定，哪些是你的公司能够产出关键成果的领域。你还要确定，你在每天、每周、每个月必须做出哪些成果，才能完成销售任务、交付产品、获得收入。哪些是你的强项。哪些是你的弱项。你需要立即做些什么来加强和巩固你最薄弱的、产出关键成果的领域。

如果你希望度过危机，就必须有能力选择产出关键成果的领域，并将你的精力和资源集中在你拥有竞争优势的领域里。

第十一章
专注于关键领域

▶ 实践练习

（1）确定你最重要的、最赚钱的产品、服务和商业活动，并把你的时间和精力放在它们上面。

（2）确定你最重要的客户、市场和销售方法，并把你 80% 的时间和金钱投入其中，来最大限度地提升产出。

成功最重要的因素是坚持不懈，要下定决心，永远不要让你的精力或热情，被不可避免的沮丧所抑制。

——詹姆斯·惠特科姆·莱利（James Whitcomb Riley）

美国作家、诗人

第十二章
要事优先

弱小的心灵会被不幸制服和打倒,但强大的心灵会在经历不幸后重新站起来。

——华盛顿·欧文(Washington Irving)

美国作家、美国文学奠基人之一

当遇到危机时,你集中注意力的能力的强弱会决定你的成败。集中注意力的能力是度过危机的必要能力。你没办法把每件事都做好,但你可以去做一两件最重要的事,并专注于这些事,直到把它们

第十二章
要事优先

圆满完成。

歌德说:"最重要的事情,永远不能被最不重要的事情支配。"

美国管理学大师史蒂芬·柯维(Stephen Richards Covey)说:"重要的是,要把最主要的事情,放在最重要的位置上。"

有这样一条准则:你花在做计划上的每一分钟,都可以在执行阶段为你节省十分钟。你在开始行动前花在做计划上的时间,会确保你在真正开始行动时能专注于那些可能为你自己和你的公司带来最大成果的行动。

不要"小题大做"。要一直问自己,现在真正重要的事情是什么?你提出和回答这个问题的能力,能让你不至于偏离正轨,甚至能帮你摆脱困境。

压力是成功的跳板
CRUNCH POINT

✈ 把思考过程写下来

你可以采取一系列步骤来让自己能在首要任务上集中精力。我将在本章中列出几例。首先，要把思考过程写下来。为了能在紧急情况下控制局面，你必须把事情写下来。在你采取任何行动之前，列出一个清单，在上面写下你为了解决问题、度过危机所要做的一切。

思想家奥卡姆（Ockham）提出了一个概念，被称为"奥卡姆剃刀"。这一原则是在处理任何问题或复杂情况时，最简单、最直接的那种解释或解决方案，通常就是正确的那种。即，"如无必要，勿增实体"。这一原则意味着，你不应该让自己被琐事和细节淹没。相反，你应该从尝试最简单且可行的解决

第十二章 要事优先

方案开始。举个例子，一笔重要付款的最后支付期限即将到来，而你却没有那么多钱可以支付。通常，解决这个财务问题最简单、最直接的方法，就是直接去找债权人请求宽限。如果你缺少现金，有时最简单、最直接的方法，就是去找你最大的客户，并请求他为将要从你这里购买的产品或服务提前付款。

有时，解决商业问题的最简单方法，就是解聘一个人，或者亲身介入这个商业问题，让自己完全掌控整个局面。而如果局面已经无法挽回，最简单的解决方法，往往就是下决心放弃。要度过危机，你应该寻找最直接、最简单的方法。

📘 列出一个清单

在一天开始之时,你要在一个清单上列出你这天要做的所有事情。写完之后,浏览清单上的全部内容,为最重要的七件事情排序。问问你自己:"如果今天我只能做这个清单上的一件事,那会是哪件事?"在那件事旁边写一个"1"来编号。重复这个操作,顺序编号,直到你把最重要的七件待办事项,从"1"到"7"排好序。

然后,你要约束自己,马上开始做编号为"1"的事,并一心一意地做,直到把它完成。除了做这一件事,暂时不要做其他任何事。如果你被叫走或被分心,在可以继续完成这项任务时,立即回到这项任务上,然后重新开始工作。因为可以确定的是,

第十二章
要事优先

这一项任务能对你的工作或你的处境产生最大的潜在后果。

采用分类法

要在危急时刻集中精力于优先事项,你可以采用"伤员检伤分类法"。这种方法是法国军队在第一次世界大战中发明的。当时后方的急救站挤满了受伤的士兵,医生和护士们都忙不过来。于是,他们把伤员分成三组,从而解决了这个问题。第一组伤员是那些无论接受多少治疗都会死去的人,他们被安置在一旁。第二组伤员是那些只受了轻伤的人,无论是否能立刻得到治疗,他们都能活下来。他们也被安置在一旁。第三组伤员是那些只有得到及时

治疗才能活下来的士兵,而医生和护士们就集中精力救治这一组人。

你的公司也应该采用分类法。把你所有的注意力,集中在那些立即采取行动就能解决的问题上。不要担心那些你无法解决的困境,随它们去吧。而另一些事,是无论你是否有所行动,都会自然得到解决的,那你也不要在这些事上面浪费时间。你应该关注的是那些为了挽救局面而必须立刻得到解决的问题,以及必须立刻做出的决定和行动。

找出优先项

在危急时刻,你要不断问自己以下这些关键的问题:在这种情况下,什么是真正重要的事?在我

第十二章
要事优先

能做的所有事情中,如果我只能做一件事,这件事会是什么呢?在这个情况下,我需要做什么事,而这件事是只有我才能做到的?

要让自己不偏离正轨,最好的方法就是问自己以下两个问题。第一个问题是,有什么事情是只有我能做的,而这件事如果做得好,就会带来真正的改变?第二个问题是,我现在要把时间用在哪里才最有价值?

无论你对这些问题的回答是什么,你都要约束自己致力于通过这些问题找到的那个优先事项,完成这件事之前不做其他事。如果你能在最优先事项上集中精力,你就能更高效地帮助自己和公司度过危机。

压力是成功的跳板
CRUNCH POINT

⟩ 实践练习

（1）找出只有你才能做的一件事，如果这件事做得好，就会带来真正的改变，让你能够解决自己目前的问题。

（2）切入正题！为了解除危机，你可以立刻采取的、简单又显而易见的步骤是什么？

无论身处何境，倾你所有，尽你所能。

——西奥多·罗斯福

美国第 26 任总统

第十三章
应对危机

我们不再是被外界的强大力量操纵的傀儡——我们自己就拥有那强大的力量。

——利奥·巴斯卡格里亚（Leo Buscaglia）

美国演说家、作家

当危机来袭，而你的公司的生存受到威胁时，你必须像战场上的军队的指挥官一样思考。通常情况会很复杂，以至于你必须站出来，并立刻做出重要的决定，不能再当"好好先生"了。

对优秀军事首脑的研究，可以追溯到公元前600年。十几个世纪以来，人们已经确定了哪些军事战略原则会导致失败，又有哪些会带来成功。现在，世界上每一所军事学校都在向学员教授相关知识。如果能将这些军事战略原则应用到你的公司的运营与管理和生活上，你通常就能扭转局面，并取得显著的成果。

战略1：目标原则

第1项战略原则是目标原则。为了度过危机，你必须完全清楚你想要和需要完成的一个或多个目标。这些目标通常集中在与销售、收入和现金流相关的领域。为了实现你最重要的目标，你需要计划、

第十三章 应对危机

时间表，还需要由合适的人去做正确的事。每个人都应该完全清楚自己该做的事，而且他们必须致力于取得成功，无论危机多么严重。

✈ 战略2：进攻原则

第2项战略原则是进攻原则。你要大胆地前进，勇敢地采取行动，直面困难，并解决问题。

当危机来袭时，你自然会倾向于撤退，倾向于"打安全牌"，所以你必须扼制住这种想法，勇敢前进，控制局面，坚定而果断地向困难"发起进攻"。

每当我的其中一家公司经历现金危机时，我总会对自己说："有疑虑时，就要想办法提升销量。"你不能用削减成本的方法来化解财务危机。你必须

增加收入,而增加收入的方法,就是把某种产品或服务卖给某位客户。永远要考虑如何产生更多销售收入,在这方面要变得积极而专注。每一家度过危机的公司——包括1996年的IBM公司[1]——都是靠一心一意地创造销售收入,才扭转了局面。你也应该这样做。

战略3:集中原则

第3项战略原则是集中原则。你要把自己最好

---

[1] 1991—1993年,该公司累计亏损达162亿美元。但在1996年,公司实现了拥有770亿美元的营业收入,在收支相抵和扣除所得税后净赚60亿美元。——编者注

第十三章 应对危机

的员工、最大的能量和有限的资源集中在那些有可能取得最大胜利的领域。重新组织你的商业活动,好让你最优秀的人才在那些能让你的公司以最快的速度摆脱危机的工作上集中精力。

战略 4：机动原则

第 4 项战略原则是机动原则。许多战场上的伟大胜利,都是源于胜方将军采用了从侧翼或后方进攻的策略。要在商业领域实践机动原则,你就要尝试新方法。如果一个新方法不可行,就再尝试其他新方法。你的工作方法要灵活、有创造性。你可以考虑尝试一下和你到目前为止的做法完全相反的做法。不要固执地走一条路,要给自己多留几条后路。

公司的生存与成功是你最需要考虑的事。

战略 5：情报原则

第 5 项战略原则是情报原则。情报原则意味着，你必须了解有关当前情况的确凿的事实。尽可能地通过问问题、打电话、上网来收集更多信息。你掌握的信息越多、越好，你能做出的决定就越有效。我在第四章也谈到过和这个战略所强调的内容有关的内容。

战略 6：齐心协力原则

第 6 项原则是齐心协力原则。要确保你的团队

第十三章
应对危机

中的每位成员都有共同的目标和价值观，都清楚地了解自己的工作任务。每个人都应该知道当前的工作进展以及其他人正在做什么工作。军事胜利的法则之一，就是你永远不能依赖运气，指望有些事会自然出现转机，或只抱有希望却不去行动。你要当心，不能指望自己能轻易取得胜利。你要依赖团队的力量。

有人问拿破仑在战争中是否相信运气。他回答道："是的，我相信运气。我也相信坏运气，并相信自己总会遇到坏运气。因此，我总会做好相应的计划。"

你也应该为坏运气做好相应的计划。如果你真的好运连连，那就当自己有福气。但你不能依赖自己的好运，也不要期待以后也能如此幸运。

战略 7：统一指挥原则

第 7 项战略原则是统一指挥原则。你的团队中的每个人都必须知道，事情由你自己掌控，因为你是负责人。你的团队中的每个人都要向你报告工作，并回答你的问题。度过危机后，你可以重新采用更为民主的管理方法，但在危机中，你的团队中的每个人都必须清楚，他们必须听从你的指挥并统一行动。

最后，你在采取行动化解危机时最需要的，也许就是对成功的信念以及克服任何困难的决心。取胜的关键，是你要不断发起进攻、不屈不挠地前进。有人说，勇气和冒险精神会让你陷入很多麻烦事，但更多的勇气和冒险精神会让你摆脱困境。你要立刻行动起来，并持续采取行动，直到获胜为止。

第十三章 应对危机

> **实践练习**
>
> （1）为了解除危机，要确定你必须达到的一个目标，这个目标通常是财务方面的目标。确保你的团队中的每个人都清楚这个目标。
>
> （2）要约束自己，在这个你必须达到的目标上集中全部精力。要控制住冲动，不要先去处理其他杂事。

在其他人已经放弃之后，如果你还能继续坚持下去，就很有可能取得成功。

——威廉·费瑟（William Feather）

美国作家

第十四章
解决现金危机

不是环境造就了人,而是人创造了环境。我们是自由的人,我们比环境更有力量。

——本杰明·迪斯雷利(Benjamin Disraeli)

英国著名政治家、首相

在任何公司,最需要被着重考虑的就是现金流。现金流就像大脑血液或氧气对大脑一样重要,它关系着公司的生存与成败。

最常见的引发危机的事件,就是现金流的意外

第十四章 解决现金危机

中断,这对公司的生存造成了威胁。你处理现金流中断问题的能力标志着你作为一个商人或公司所有者的智慧与能力。现金流问题是一场真正的测试,能测试出你是否真的有能力获得商业成功。

有几种不同的因素都可能引发现金流问题。无论引发你的现金流问题的因素是什么,你都必须立刻进入紧急状态,并把我在前面章节提到的所有内容付诸实践。你需要付诸实践的事包括:掌控情绪、了解事实、掌控局面、及时止损、与你企业内外的关键人士绝不保密。

✈ 当现金流下降时

现金流下降的主要原因通常可追溯到销售部门。

由于某种原因，你的公司的生存和成长所必需的销售任务未能完成。通常，摆脱现金危机的最快方法就是直接走上街头，推销更多的你的产品，并立即得到客户的付款。

造成现金危机的原因可能是某位客户未能付款，或是在你的应收账款的收取过程中出了错。因此，你并不缺少资产，你仅仅是缺少现金。尽管如此，这种缺少现金的情况仍然可能是致命的。

有时，你没有得到预期的一笔银行贷款或某种投资没有到位，或者你没有按你希望的时间得到它。你预计会有新的资金到账，所以花光了所有现金，但这笔新的资金却未能按时到账。

第十四章
解决现金危机

🛫 仔细分析你的情况

当你遇到现金危机时,应该做的第一件事,就是仔细分析你的情况。要算出你目前有多少现金,来自所有渠道的现金都要计算在内;另外,现金可以有多种形式,计算时要考虑到不同形式的现金。

算出在接下来的 30 天里你将会收到多少钱,但不要有侥幸心理,永远不要做没有根据的推测。如果一笔预期收入对你的公司的生存至关重要,一定要确保它能按时到账,并在它实际到账之前,保持对它的情况的关注。要记住,不能只抱希望却不行动,也绝不能依赖运气。

算出你在今天、接下来几天、接下来几周分别要支付多少现金。就像第十二章中提到的"伤员检

伤分类法"一样,尽可能地为你的现金危机"止血"。你可以不去支付消耗现金的款项。债权人和供应商可能会因此而暂时不高兴,但他们只是因无法得到现金而有所不便,而你的公司却正在生死关头,公司的命运与现金挂钩。

暂停支付所有的款项,除了那些维持公司运转所必需的款项,比如租金、水电费、员工工资和税。其他所有钱款支付都可以推迟。

请求"喘息空间"

我创业时,对销售成绩过于乐观,对开支却不够在意。结果,我很快就花光了所有的积蓄和我能从朋友那里借到的所有钱。我的现金全用光了。催

第十四章
解决现金危机

债的人让我的电话响个不停,房东也威胁要没收我的车。那可真是一场噩梦。

于是,我决定,把自己的公司看作一辆正处在回车道的关键转折点的车,就好像我的公司正处在破产边缘,而我正面临着失去一切的威胁。我给自己的每一个债权人打电话或登门拜访他们,向他们解释我的困境。我请求他们不要逼得太紧,给我一些"喘息空间"。令我惊讶的是,他们都很同情我,都答应我会耐心等待。有了他们给我的"喘息空间",我才能完成销售任务、产生现金流,并最终把亏损扭转为盈利。

勇敢面对困境

如果现金短缺的情况非常严重,你就可以采取

非常措施。有一次,当我的现金耗尽(这种情况对公司所有者来说是家常便饭)时,我打电话给自己的主要债权人,告诉他们我有两种选择。我可以宣布破产,也可以和他们一起制订一个长期的支付计划。如果他们向我施压,迫使我宣布破产,他们就一分钱都拿不到。但如果他们在接下来几个月里与我合作,我承诺会偿还一切债务。面对这种威胁,他们都同意让步,给我足够的时间让我的公司出现转机,而我也的确遵守了承诺,偿还了所有的债务。

发展中的公司会消耗大量现金,其数额远远超出你的预期。你会不断有意外的支出、遭受意外的损失(例如客户不给你付款)。几乎所有的成本都会超出你的预算,几乎所有工作流程都会比你预期的要长。只有在公司运营几年之后,现金流才会变得

第十四章
解决现金危机

平稳、更容易管理。你要记住,在面对困境时,只有坚强的人才能坚持下去。熬过你的公司发展中的困难时刻,你就会看到希望的曙光。

四处寻找赚取现金的机会

当你遭遇现金危机时,要想尽一切办法在短期内产生现金流,以确保公司的生存。许多企业家,包括我自己,都曾把信用卡上可用的每一分钱都取出来过。有一次,我甚至用自己的一辆奔驰汽车办理抵押贷款,这才有了足够的钱让自己度过那个月。

要有创造力,要尽可能地把所有东西都变成现金,或者至少暂时变成现金。要放下你的面子,甘愿向任何有钱的人请求借款。作为一位公司所有者,

压力是成功的跳板
CRUNCH POINT

你必须完全致力于保证公司的生存,就像一位军事指挥官完全致力于在战争中取胜一样。

案例:拯救联邦快递(FedEx)

许多年前,在弗雷德·史密斯(Fred Smith)创立联邦快递之初,公司的现金都花光了。他努力了多年,终于撑不下去了,甚至连工资都发不出。周围的人都告诉他,他已经尽力了,是时候放弃了。史密斯所有的借款都已用尽,公司困难的局面已经完全无法挽回了。

身处此境,史密斯做的事,是美国商业史上最令人难以置信、最能体现企业家的勇气的行动之一。

第十四章
解决现金危机

> 史密斯的案例提醒你,当你采取行动解决现金流问题时,不能忽略任何可能的行动,这些行动甚至可以是孤注一掷的。

▶ 实践练习

(1)如果你面临现金危机,立即分析你的财务状况。要确定你现在有多少钱,有多少负债,还有你可以从各处获得多少钱。

(2)不惜一切代价保存现金。推迟各种付款行为,同时向现有的和未来的客户请求提前付款。

坚持到底、永不放弃。

——丘吉尔

英国政治家

第十五章
关心你的客户

"所有伟大的事业,都是由那些敢于相信自己内心力量能战胜环境的人成就的。"

——布鲁斯·巴顿(Bruce Barton)

BBDO(美国广告公司)创始人

一家公司运营的目的是挖掘并留住客户。很多人以为,一家公司运营的目的是盈利,但盈利只是一种结果,其原因正是公司能以有效益的方式挖掘客户。几乎所有高效运转的公司、所有顶级的公司

第十五章
关心你的客户

所有者,都将他们的时间、注意力和精力始终放在挖掘客户上。

商业是否成功最重要的衡量标准之一,就是客户满意度。你能以客户愿意支付的价格,越多、越好地满足他们的想法和需求,他们就越会愿意在你这里消费,并把你推荐给朋友。因此,客户满意度必须是你所有商业活动的焦点。

销售、收入、现金流和业务成功都是同一件事的直接成果,而这件事就是,你能以对你有利的方式满足的客户需求足够多。当危机来袭时,满意的客户可能成为你的公司生存的关键。

压力是成功的跳板
CRUNCH POINT

✈ 顾客永远是对的

有两条能带来商业成功的规则是关于客户的。第一条规则是"顾客永远是对的"。第二条规则是"如有疑问,请参考第一条"。

当我们说"顾客永远是对的"时,意味着客户的想法、需要、要求和愿意购买的事物决定了公司的业务活动。客户是利己、难以满足、虚荣、反复无常、缺少对商品和服务的忠诚度的——你当客户时也是这样。但客户永远都是对的。你可能会认为客户在某个特定情况下是错的,但如果你失去了他们给你带来的生意,那犯错的人就是你。

因此,客户就像一个移动的标靶,而你必须不断调整自己的产品、服务和业务活动,以满足你的

第十五章
关心你的客户

客户,否则他们就会去其他地方消费。

客户可以选择

客户在市场上始终有三个选择:

在你这里消费。
去别人那里消费。
根本不去消费。

你要优先完成的销售目标,是让客户在你这里消费,而不是去竞争对手那里消费。然后,你必须好好关心你的客户,把他们变成回头客,并最后让他们愿意把你推荐给朋友。

如果你在市场上建立了良好的声誉,让客户愿意告诉别人,他们是多么愿意在你这里消费,你就能取得商业上的成功。实际上,这就是大多数商业成功的原因。客户的推荐被称为"口碑广告",是现今最有力的广告形式之一。

当你善待你的客户时,他们就会愿意为你宣传,你的成功也会因而得到保障。然后,他们还会热情地鼓励他们认识的人在你这里消费。通过计算回头客的数量,还有公司因为好评和推荐而获得的业务量,你总是能看到自己的经营成绩。

✈ 4 个领域

如果公司的销售额下降,你必须分析 4 个产出

第十五章
关心你的客户

关键成果的领域的业务。这四个领域分别是专业化、差异化、市场细分和以顾客为关注焦点。

第1个领域是专业化。首先,你一定要清楚你的专业化领域。大多数公司会自然地倾向于将精力分散到各个领域,而不是专注于公司擅长的专业领域。你可以从客户的类型、产品或服务的类型、地理区域这三个主要的角度来思考专业化。想一想,你的专业化领域是什么?

第2个领域是差异化。销售分析的一个关键点,是确定你的差异化领域。这是你的产品或服务的特点或长处,使你的产品或服务能在市场上脱颖而出,比竞争对手的任何其他产品或服务都更受欢迎。你必须完全清楚自己为客户做的什么事是别人做不到的,然后围绕这件事组织你所有的营销和销

售活动。

第 3 个领域是市场细分。市场细分是增加销售额的一个关键点。你要确定自己理想客户的概况,还有你的目标市场。你必须非常清楚,哪类客户最重视你在你的专业化领域擅长的事。这类客户会最快下单,付款也最多。

第 4 个领域是以顾客为关注焦点。最后,一旦明确了自己的专业化领域、差异化领域和市场细分,你就必须集中精力在那些最有可能尽快在你这里消费的客户身上。你所有的营销和销售问题,都是你偏离和专业化、差异化、市场细分和以顾客为关注焦点这四个领域相关的基本原则的结果。

第十五章
关心你的客户

✈ 完成更多的面对面销售

大多数公司的危机的起因,可以追溯到销售额降低,或者销售收入和现金流的下降。大多数公司的问题的解决方案,就是得到足够高的销售额,或者让销售额和现金流快速增长。总之,当你有疑虑时,就要想办法提升销量。

爱因斯坦曾说:"在某样物体开始移动之前,什么都不会发生。"在商业世界里,你可以说:"除非有人把东西卖给别人,否则什么都不会发生。"

将二八定律应用于你的销售活动。花 80% 的时间与新的潜在客户面对面交流,只用 20% 的时间做其他事。除非你有一家按时营业的零售店,否则你会发现,大多数销售人员在大多数时间都在做销售

以外的工作。增加你的销售、收入和盈利能力的方法，就是把与潜在客户直接交流的时间增加到2倍甚至3倍。

回答客户提出的问题

客户总会想知道，关于你的产品或服务的2个基本问题的答案。第1个问题是"我为什么要购买这个产品或这项服务？"第2个问题是"我为什么要在你这里消费？"你必须能够在与客户交谈或见面的前30秒内，用最多50字来回答这些问题。

客户还会想知道关于你的产品或服务的另外4个问题的答案。这4个问题是：其成本是多少？我可以得到什么？我能多快就得到它？我怎么确定按

第十五章
关心你的客户

你的定价交钱后,就能得到你保证提供的东西?如果你不能对其中任何一个问题给出令人满意的答案,就没办法完成销售任务。

◆ 问自己最基础的销售问题

有一个关于销售的问题意义重大,在你的整个职业生涯里,可以一直在你的公司、产品和服务中发挥作用。这个问题是:

到底要卖什么、卖给谁、由谁来卖,如何销售、定价和支付,如何生产、交付和维护?

销售成功的关键,是你要把这个基础问题里的

压力是成功的跳板
CRUNCH POINT

各个小问题都拿来问自己,并给出答案,然后将你的答案编织成一个完整的销售方案和业务流程。令人惊讶的是,有太多公司所有者从未真正考虑过这个问题,更不清楚正确的答案。

我要反复强调这些重要的事情:商业成功来自足够高的销售额。度过商业危机的最快方法,是一心一意地为更多、更好的客户完成更多、更好的销售任务。

▶ **实践练习**

(1)确定你最畅销、最赚钱的产品和服务,然后让你最优秀的人员集中精力向你最好的潜在客户销售更多的产品和服务。

(2)回顾你的销售流程和方法,并想办法让它

第十五章
关心你的客户

们更能让人信服。

一个人只要勤奋又有技巧,就能做成几乎任何事。伟大的成就不是光靠力量就能达成的,而是要靠毅力。

——塞缪尔·约翰逊

英国作家、文学评论家和诗人

第十六章
完成更多销售任务

这是你赢得战斗的地方,在你脑中的剧场里。

——麦克斯威尔·马尔茨(Maxwell Maltz)

美国医生

令人惊讶的是,许多公司尽管有很多潜在客户,但最后都破产了。这些潜在客户处于销售沟通流程中的不同阶段,但都还没决定购买。保持公司健康发展的关键,是你能完成销售任务。具体来说,你要让自己的潜在客户做出决定、对你的报价采取行

第十六章
完成更多销售任务

动、签单,并最终付款给你。

当你发现自己身处危机时,当你的财务"水位"下降到危险的位置,而你面临破产的威胁时,唯一能长期有效的解决方法,就是尽快增加你的销售额和收入。当IBM公司在20世纪90年代初陷入困境时,它动员了公司的几千位工程师,让他们上销售速成课,然后带着公文包去街上拜访客户。最后,这家公司扭亏为盈了。

六 销售办法

当可用资金急剧减少时,你无法通过削减成本来恢复偿付能力。没有哪家公司能够单靠降低成本获得成功。降低成本的措施,必须与联系更多客户、

压力是成功的跳板
CRUNCH POINT

完成更多销售行动相结合。

每家公司都是从一个关于产品或服务的想法开始的,这件产品或这项服务是人们想要、需要、愿意为之付费的。如果要将建立这家新公司从计划变为现实,就必须有一个经验丰富、擅长销售的人来帮忙。这个人通常就是公司所有者本人,但有时也可能是这个新公司的第一位员工。惠普是由两个好朋友威廉·休利特(William Redington Hewlett)和戴维·帕卡德(David Packard)共同创办的,休利特主管工程,而帕卡德是营销和销售主管。休利特负责开发各种工程设备,而帕卡德负责走出公司去卖掉它们。他们的伙伴关系成了商业史上最好的伙伴关系之一,而惠普成功的关键也在于销售。

第十六章
完成更多销售任务

✈ 销售的 7 个步骤

销售既是一门艺术,也是一门科学。它有方法,也有过程。销售的流程可以分为 7 个步骤,销售就像在电话上拨打 7 位数字一样,必须按照这 7 个步骤的顺序来做。这 7 个步骤是:

(1)找到潜在客户

(2)和客户建立密切关系、获得信任

(3)确定客户需求

(4)介绍你的产品或服务

(5)对客户的质疑与异议做出回复

(6)成交

(7)获得回头客,并且让客户推荐你

如果你想持续完成销售任务,必须按照顺序执行这 7 个步骤中的每一步。

◆ 你需要完成销售任务

为了生存和发展,每家公司都必须有至少一位非常擅长推销的员工,每天都能全力以赴地为提升销量而工作。可能你有世界上最好的产品或服务,得到了最好的公司和员工的支持,但如果没有人在市场上积极推销,公司就很有可能破产。

20 世纪 90 年代末至 21 世纪初,互联网泡沫催生了以数十亿美元估值上市的数百家公司。有经验的投资者们,比如沃伦·巴菲特,对此现象都持保留态度,没有轻易投资其中任何一家公司。他们看

第十六章
完成更多销售任务

到的问题是,很少有人在大量购买什么东西,更没有很多人在推销并因推销成功而得到报酬。他们的看法后来被证实了,这些公司接受了数亿美元的投资,却没有足够高的销售额和利润。当尘埃落定时,95%的互联网公司已经变成了"互联网炸弹",向这些"互联网炸弹"投资的投资者们失去了他们投入的一切,这都是因为没有注重分析和销售相关的问题。

六 练习"100次会客法"

如果你正因为低销售额而经历商业危机,有一种被证实有效又能快速解决问题的方法可以扭转你的销售业绩。方法如下:下定决心,尽快走出去,

和100位潜在客户联系。把这件事看成一个游戏，把它定为一个目标。完全不要担心会不会有人在这时候购买。相反，你要在销售活动上集中精力。你工作要更努力，如有必要，早点上班，晚点下班。要设定一个目标，在尽可能短的时间内，与100位潜在客户面对面交流。

如果你有几位销售人员，在每个销售工作日都要和他们见两次面。一次是在早上，要在每个人出发去推销之前，确定他们当天面对面接触的目标潜在客户是谁；一次是在晚上，当他们回到公司后，要回顾他们每个人的进展。要让所有销售人员都忙于联系潜在客户，以至于没有时间考虑或担心其他事。

我已经在自己的客户公司中推广这种方法超过25年了。如果你也这样做了，就会惊讶地看到销售

第十六章
完成更多销售任务

结果的改善。你还会看到员工士气高涨、订单如潮水般涌入,你的银行存款也会增加。如果每个人都下定决心,尽快和100位潜在客户见面,整家公司就会好转起来。

请客户下单

销售流程的7个步骤中,第6步是"成交"。最优秀、最赚钱的公司,都有精通促成交易的销售人员。有些公司可能有更好的产品、更多的销售人员,但他们因为害怕失败、害怕被拒绝,不敢请求客户做出购买决定,最后公司就陷入了困境。千万别让这种事发生在你身上。

有三种方法可以提高你的销售额。首先,你可

以把产品或服务卖给更多的客户。第二,你可以向每位客户卖出更多产品或服务。第三,你可以鼓励客户更频繁地在你这里消费。这三种方法都需要有人去促成交易,才能生效。

◆ "吃水不忘挖井人"

最容易变成你的回头客,并且向他人推荐你的人,就是你今天的满意客户。当你因为销售额下降而面临现金短缺时,应该立刻联系过往所有的最佳客户,并请他们今天再次在你这里消费。很多时候,如果你能让自己曾经合作过的满意客户再次在你这里消费,并把你推荐给朋友,就能解决现金问题。

当你需要快速增加销售额时,永远要制造一

第十六章
完成更多销售任务

种"必须马上购买"的紧迫感。给你的顾客一个好理由,让他们今天就要购买。如果有必要,可以降价、给予优惠、提供额外服务或做其他能吸引客户的事——其他任何你能想到的、会让人立刻想要购买的事。

❂ 向每位客户卖出更多

对于每一次销售活动,都要寻找增加销售金额的方法,或者向购买一件商品的客户推销另一件商品。要寻找交叉销售的机会,让客户把购买其他商品作为补充,比如把衬衫和领带卖给来买西服的顾客。

也许,你能做的最重要的事之一,就是集中精力对每个销售人员——包括你自己——进行更多更好

的销售培训。永远不要担心,自己会在销售培训上浪费钱。相反,如果你在这方面投资不足,导致员工没有得到适当的培训,那你每个月都将损失更多的销售收入。

🔵 学无止境

几年前,我的某位客户给他的一位顶级推销员买了一套我的《销售中的心理学》(*The Psychology of Selling*)光盘作为圣诞礼物。这位推销员觉得自己有点被冒犯了,他说:"好几年来,我都是公司里的顶级推销员,你为什么还给我一套销售培训光盘?"

我的客户,也就是他的老板,回答道:"人总有进步的空间。如果你学习了这套光盘之后,让销售

第十六章
完成更多销售任务

额有了增长,这对我们双方都有好处。"

令人惊喜的是,在接下来的 12 个月里,因为收听并遵循了这套光盘上的指导,这位推销员的个人收入增加了 7 万多美元。不仅如此,他还让公司的销售额提高了 100 多万美元。他后来说,他感到非常惊讶,原来自己还有那么多关于销售的知识要学。

让你的销售额迅速增长

快速提升销售额的方法,就是通过连续的培训来提升销售人员的素质。根据我与 1000 多家公司合作的经验,在 12 个月内,你将获得销售培训成本的 10 倍、20 倍、50 倍,甚至 100 倍的收入增长。我刚才提到的例子里,那位推销员的培训成本

压力是成功的跳板
CRUNCH POINT

只有购买光盘的 70 美元,而他的个人收入却增加了 1000 倍。

销售中最重要的关键词之一是"请求"。要不断地发出请求,请求客户和你预约见面,请求客户做出决定,请求客户下单,请求客户再次购买或一次买得更多,请求客户向别人推荐你。你要有礼貌地、恭恭敬敬地请求,但永远不要害怕发出请求。

让人非常惊讶的是,只要做一个简单的行动,就能快速而轻易地解决许多商业问题。这个行动就是请求客户从你这里购买、再次购买,并把你推荐给他们的朋友。

> **实践练习**

(1)分析你的业务,还有你的每位销售人员,

第十六章
完成更多销售任务

在销售流程的 7 个步骤的每个步骤中，分别给你的业务和每位销售人员打分，分数范围是 1 到 10 分。你还要给自己用同样的方法打分。然后，你们所有人都应该在自己最不擅长的技能上好好下功夫。

（2）今天就下定决心，要尽快给新的 100 位潜在客户打电话。不用担心自己是否能成交，重点是一定要打满 100 个电话。

> 想获得利润却不想冒风险，想获得经验却不想有危险，想获得回报却不想去工作，这些想法是完全不可能实现的，就像人不可能不出生就活着。
>
> ——A.P. 高塞（A. P. Gouthey）
>
> 美国作家

第十七章
保持简单

让事情变得复杂,是一项简单的任务;但要让事情变得简单,就是一项复杂的任务了。

——热力学第三定律[1]

在平日,你就会感觉事情太多而时间太少,在

---

[1] 此处由热力学第三定律中的"熵"引申而出。熵是系统混乱度的度量。熵值越大,混乱程度越大,而熵减(减小混乱程度)要难于熵增(增加混乱程度)。——编者注

第十七章 保持简单

危急时刻,你更是常常会被潮水般涌来的任务淹没,完全处理不过来它们。在这种情况下,你几乎不可能保持镇定和自我控制——尽管这些是应对意外的逆境或挫折所必需的。

无论是从个人角度还是商业角度来看,你都必须尽可能地将事情简化。现在就开始将事情简化,你就能更好地应对即将到来的危机。

要将事情简化,第一步就是要确定自己真正的价值观。要决定什么才是对你来说真正重要的。有人说,人类生活中的所有问题,都可以回归到与价值观相关的问题来解决。你的价值观是什么?在什么情况下,你可能偏离自己的价值观?人们容易被当前面临的问题困住,无法脱身。为了确保自己能控制局面,你需要后退一步,问问自己:"我的核心

信念是什么?"

你真正关心的是什么?如果今天得知自己只剩下6个月可活,你会怎么做?如果你现在遇到的一些事,放在长期来看其实并不重要,那你现在还会觉得它们很重要吗?你看事情的眼光要长远。

▲ 考虑重大的问题

可以问自己这个重要的问题:"我这一生真正想做的到底是什么?"

有人采访了2500位年满100岁的老人,而每个老人都说,希望曾经的自己能花更多时间,反思自己真正想要的是什么,而不是单单在一生中随波逐流、疲于奔命。你最好能早点开始考虑自己真正

第十七章 保持简单

想要的是什么。

把内心的平静作为你的人生的最高目标。长远来看,没有什么事值得你损害自己的身心健康。在你把内心平静当作人生的最高目标之后,就要围绕这个目标来组织自己的生活。不要让自己的节奏被打乱,不要因为周围发生的事而感到焦虑或不安。你会发现,这种保持内心平静的能力,在危急时刻是非常有价值的。

实践"10 个目标法"

有一个简单的练习可以帮助你把事情简化并决定自己真正想要的是什么。拿一张纸,写下 10 个你想在未来 1 年或在可预见的将来完成的目标。在你

压力是成功的跳板
CRUNCH POINT

写好之后，问自己这样一个问题："如果我能在24小时内，实现清单上的任意一个目标，哪个目标会对我的生活产生最大的积极影响？"

无论你对这个问题的回答是什么，用圆圈圈起这个你作为答案的目标，然后让这个目标成为你最主要的、明确的目标。从那一刻起，你就要围绕这个目标安排你的时间、组织你的活动。

要为这个目标设定最后期限，如果有必要，还要分解目标，并设定每个分解出的小目标的最后期限。在一张清单上，列出你为实现这个目标所能做的一切，然后按优先级和行动顺序整理清单。要弄清楚在实现这个目标的过程中，什么更重要，什么不重要。在你想做其他事之前，要确定自己优先该做的是什么。有了这张按优先级和行动顺序整理好

第十七章
保持简单

的清单,你就有了书面计划。然后,你就能重新掌控局面。

不断地行动

你一旦有了主要目标和书面计划,下一步就是对自己的计划采取行动。要行动起来,做什么都好。从现在开始,每天都要为你的首要目标,那个主要而明确的目标而努力。

早上起床时想想你的目标。不断在你的脑中把这一目标具象化,就好像它已经实现了一样。你一整天都要想着这个目标,晚上和睡前也要想一想。这种对一个目标的极度专注会给你带来一种有序和清晰的感觉,这种感觉能让你迅速完成对生活的简

化，还能帮助你取得更大的成就。

✈ 想象 2000 万美元

还有另一种让你理清思路、简化生活的方法：想象一下你已经拥有了 2000 万美元的净资产，但就在今天，你得知自己患了不治之症，只剩下 10 年的生命了。这时你要问自己的问题是，如果你在银行里有 2000 万美元，却只剩下 10 年可活了，你会如何简化自己的生活？对你来说，什么会变得更加重要，什么又会变得没那么重要？

想象一下，你将来可以做任何事、拥有任何东西、成为任何人。想象一下，你拥有所有的时间和金钱、知识和经验、朋友和熟人。想象一下，你完

第十七章 保持简单

全没有遇到任何的问题或是困难。如果现在的你已经拥有了上述的一切,那你的做法会有哪些改变?

✈ 可以改变你的生活的 4 种方法

有 4 种方法可以改变你的生活——无论是个人生活还是职业生活:

方法 1,有些事你可以多做。为了让自己的个人生活得到改善或让你的公司有进步,你应该多做些什么事?

方法 2,有些事你可以少做。如果你想简化并控制自己的生活或公司,哪些事情应该少做?

方法 3,你可以开始尝试新事物。为了克服障碍、解决问题、实现目标,你需要试着去做哪些新的事

情?为了开始这些新的任务和活动,你应该立即采取什么步骤?通常,为了完成新目标而采取的一个简单步骤,就可以大大简化你的个人或职业生活。

方法 4,有些事你可以完全不再去做。你今天正在做的许多事,在刚开始做的时候都很有意义,但到了今天,它们应该被"有创意地舍弃"。有时,仅仅是通过完全终止某些活动,你就可以为自己的一天或一周节省出许多时间。

✈ 终止非必要的任务

事实是,你控制自己的时间、简化自己的生活的一种方法,就是不再做某些事。这在危急时刻尤为重要。

第十七章 保持简单

为了能确定优先事项,你还需要确定后置事项。后置事项是指你不再需要去做的那些事。你要终止后置事项,以便腾出时间,去做更多对你和你的未来更重要的事。处理每个"待办"清单时,你也同时需要做一个"不去办"清单。

我的一位客户发现,他每天都要花几个小时去处理几百封电子邮件,于是他学会了把查阅电子邮件的工作交给秘书。他们两人发现,95% 的电子邮件都不需要我的这位客户亲自处理。我的这位客户有些惊讶地告诉我,仅仅是因为他用了重新组织、委派他人的办法优化了处理电子邮件的流程,每周就节省了整整 23 个小时的时间。

六 换种方式"花时间"

事实是,你不能"节省时间",而只能换种方式"花时间"。你只能把时间从价值较低的活动重新分配到价值较高的活动上。与其试图做更多的事,你应该做更少,但更有价值的事。

简化生活的另一个方法是重新调整你的活动。这意味着你需要想办法去减少、压缩或合并某些业务流程中的步骤。无论什么事,只要你能委派出去,那就把它委托给做得和你一样好的人。同理,你要把其他公司能完成的业务,全都外包出去。你要终止所有低价值、无价值的活动,这些活动消耗时间,但贡献很小。你还要想办法,把几个任务合并成一个,然后一次性完成。

第十七章
保持简单

✈ 确定你的时薪

简化生活的一个好办法是考虑一下你的时薪。想一想,你每小时能挣多少,或者想挣多少钱。例如,你的年收入目标是5万美元,把这个数除以2000小时,美国商人每年的平均工作时长,计算出的结果,就是你每小时要赚到25美元。从现在开始,如果这是你的收入目标,不要做任何时薪低于你想要的25美元的工作,更不要做任何别人每小时5美元或10美元就能做的工作。遵循这个标准,可以大大简化你的生活,这几乎一夜之间就能办到。

在你开始任何任务之前,问自己这样一个问题:"如果这项任务根本没有完成,会发生什么事?"有这样一条规则,只要不是必须立刻完成的任务,那

就尽可能地推迟。这样,你现在就有了更多的时间,可以冷静地思考并行动。

🛩 预先规划

你可以通过提前规划自己的时间和活动来简化自己的生活。你应该把每个月都提前规划好,也要把每周都提前规划好(最好是在前一个周末)。至于每天晚上,则要提前做好第二天的计划。每天做计划的方法很简单。具体方法请见第十二章的"列出一个清单"一节。

晚上回家后,简化生活的一个很好的办法,就是"把事情放下"。一般人回到家会立刻打开电视,在回家路上,则一直在听收音机或看手机。他的大

第十七章 保持简单

脑永远得不到休息。

但是,当你把事情放下时,就给自己创造了一个安静的区域,让自己的头脑变得平静而清晰,就像一桶水里的泥沙,需要静置一段时间才能沉淀。有了这个安静的区域之后,你就能更好地、更清晰地思考。你会变得更放松、更镇定,还会感觉自己做事更有效率了。

✈ 保持"要事优先"的习惯

重要的是,要把你的人际关系放在第一位。要保证与你的配偶和孩子有一对一相处的时间,这件事要放在所有其他优先事项的前面。当你坐下来吃晚饭时,把其他事情放下。当你和生活中的关键人

物谈话、交流时,永远不要开着电视。

好好照顾你的身体。要吃健康的食物,而且分量要有节制。要多喝水,每天还要锻炼三十分钟。让自己得到充分的休息,尤其是当你正身处危机之中时。

最后,要记住这一点:当你觉得最没时间去放松、没时间考虑如何简化生活的时候,反而就是你最需要腾出时间来这样做的时候。你自己就是你最宝贵的资产,所以一定要好好照顾自己。

以赛亚·伯林(Isaiah Berlin)在他的文章《刺猬与狐狸》(*The Hedgehog and the Fox*)中写道,狐狸很聪明,因为它知道很多事;但刺猬更聪明,因为它知道一件重要的事。在危急时刻,你需要了解并实践的一件重要的事,就是"简化"。简化生活

第十七章
保持简单

的行动,会给你留出自己需要的空间,让你能解决生活可能抛给你的问题。

▶ 实践练习

(1)列出生活中对你最重要的 3 到 5 件事,然后致力于在这些事上花更多的时间。

(2)列出 10 个目标,选出其中最重要的一个,然后每天都要为之努力,直到你把它实现。

> 勇气就是能够屡败屡战而完全不失去热情的能力。
>
> ——丘吉尔
>
> 英国首相

第十八章
保存你的能量

最高尚的成功需要内心的平静、享受和幸福,只有找到自己最喜欢的工作的人,才能获得这一切。

——拿破仑·希尔(Napoleon Hill)

美国成功学大师

当你在公司里或个人生活中遇到危机时,必须优先照顾好自己的身体、精神和情绪。在经历危机时,你常常会充满压力,觉得要做的事情太多,而时间却又太少。你很容易过度疲劳,甚至精疲力竭。

第十八章
保存你的能量

但在危急时刻,你要像一个重要比赛中的运动员一样。运动员要吃健康的食物,得到足够的锻炼和充分的休息,而你也必须这样做。如果你休息得更好,吃的食物更健康,你就会有更大的能量、更清晰的头脑。你就会更有创造力,就能做出更好的决定。

为了度过危机,你需要能清晰思考和果断行动的能力。正如美国橄榄球教练文斯·隆巴迪(Vince Lombardi)曾经说过的,"疲劳会使我们所有人都变得懦弱。"

多睡觉

事实上,如果你过着忙碌的生活,你每晚至少

需要7到8个小时的睡眠时间。大多数美国人每晚却只能睡6到7个小时，有时甚至更少。这种睡眠不足的结果是，美国的许多工作人员虽然表面上能保持清醒和警觉，但实际上却是在一种神志模糊的状态下工作。他们看起来像在正常工作、正常行动，但他们并不像自己能做到的那样敏锐和警觉。

在帮助你度过危机时，没有什么比充分的休息更重要的了。早些吃饭，在晚餐和就寝之间至少留出3个小时。把电视关掉，争取在晚上10点前上床睡觉。许多人告诉我，仅仅是靠每天晚上睡足8小时这一件简单的事，他们就完全改变了自己的生活。

如果能睡足8小时，你就会有更好的精力、更不会过量饮食，就会更警觉、更积极、更开朗、更有韧性，还会更有能力应对你在危急时刻面临的困

第十八章
保存你的能量

难和挑战。

⬢ 给你的"电池"充电

危机往往会耗尽你的情绪能量,让你筋疲力尽,无法发挥出最佳状态。打个比方,你的情绪能量水平,就相当于电池的电量。你在情绪上受到越多挫折,你就越会消耗自己的"情绪电池",直到最后,你再也无法做出好的决定。千万别让这种事发生在你身上。

有时候,当危机来袭,尤其是当你觉得完全没有时间时,你能做的最好的事,反而就是完全放下一切。请一整天的假,在那一天里放下所有的工作。睡个懒觉,让自己得到充分的休息。可以去散个步、

看场电影,或者去餐厅吃晚饭。总之,要让自己完全放松下来。

以下是我的经验之谈。为了给你的精神、情绪和身体"充电",一定要让自己彻底休息。你不能打电话,不能研究从办公室发来的材料,不能在电脑上工作,也不能举行商务会议。你必须用你的毅力和自制力,来阻止自己做任何工作。

在最初的几次,完成这件事是非常困难的,尤其是,如果你是工作狂,就更难了。但如果你给自己一段时长相当于安息日❶的休息时间,也就是从周五下午6点开始就彻底休息,直到周日早上,在你重新投入工作的时候,就会拥有双倍甚至三倍的能

---

❶ 犹太人的重要节日。——编者注

第十八章
保存你的能量

量。你将能够用非常清晰的头脑，非常果断地取得很大的成就。你会发现，36个小时不工作之后，你实际上却能获得时间和效率。

 注意饮食

要好好地注意饮食。约束自己吃健康的、富含高质量蛋白质的、碳水化合物含量高的食物，并且要多吃水果和蔬菜。

你的大脑就像一台超级计算机。当你在工作的时候，大脑消耗的能量占整个身体所消耗的能量的20%。大脑就像一个汽车发动机，如果你吃得不好，相当于你踩在"油门"上，而整辆"汽车"正挂在空挡。在危急时刻，大脑会消耗掉大量的葡萄糖，这会让

你疲倦、易怒、无法专注,而且常常无法做出好的决定。而当你吃高质量的食物,特别是碳水化合物含量高的食物时,你的身体会将这些食物进行转化,让你的大脑在巅峰状态下运作。

你还需要多喝水,每天要喝够 8 杯。你可以喝咖啡,但要适量。总之,要照顾好你的身体,就像你是一个即将参加比赛的优秀运动员一样。

多运动

最后,为了保存精力和照顾好自己,你每周需要锻炼 200 到 300 分钟,平均每天 30 到 60 分钟。每次锻炼应该持续至少 30 分钟,但不必达到运动员为准备奥运会而做的训练的强度。你只要每天晚上

第十八章
保存你的能量

绕着街区散步半个小时,就能让你的心脏充满活力,还能改善你的平衡性和协调性,让你觉得放松而平静,有一种幸福的感觉。任何一种持续的有氧运动,如骑健身自行车、越野滑雪或任何主动的运动,都将极大地提高你在危急时刻的思维能力、工作能力,让你保持良好状态。

当你积极地运动时,大脑会释放内啡肽,它通常被称为大自然的"快乐药"。当内啡肽在身体中发挥作用时,它会给你一种强烈的幸福感和振奋感。你会觉得更积极、更自信、更有创造力。内啡肽能让你对他人更和善、更有风度。它还能让你没那么易怒,让你保持冷静,保持工作效率,即使是在你压力最大的情况下。

压力是成功的跳板
CRUNCH POINT

好好开始你的一天

亨利·沃德·比彻（Henry Ward Beecher，美国作家）曾写道："早晨的第一个小时是一天的方向舵。"你在一天开始时做的事，会为这一天接下来发生的每一件事定下基调。如果你在睡觉前把运动装摆好，起床后立刻锻炼30到60分钟，即使只是快步走，你也能为一天做好准备。如果你在锻炼后吃一顿高质量、高蛋白质含量的早餐，你的大脑就会充满活力，你就会像明星运动员一样，做好了准备，能发挥出最佳水平。

要记住，没有什么比你的健康更重要。危机会来来去去，但你的健康会永远伴随着你。没有任何外界发生的事值得你牺牲自己的长期健康和福祉。

第十八章
保存你的能量

你的生命是非常珍贵的。所以,要努力保持健康,尤其是在危急时刻。

> **实践练习**
>
> (1)把自己当作正在为奥运会训练的王牌运动员,只吃那些真正对你有好处的食物,比如大量的水果和蔬菜,还有富含蛋白质的瘦肉,每天还要喝大量的水。
>
> (2)下定决心,每天至少锻炼 30 分钟,即使只是在早上或晚上快步走。这项活动将帮你减轻压力,还能让你在最佳精神状态下工作。

困难对于成功是必要的,因为在销售中,就像在所有重要的工作中一样,只有经过多次斗争和无数次失败,

压力是成功的跳板
CRUNCH POINT

胜利才会到来。每一次斗争、每一次失败,都磨砺了你的技巧和力量、你的勇气和耐力、你的能力和信心——因此,每个困难都是战友,使你变得更好。

——奥格·曼狄诺(Og Mandino)

美国作家

第十九章
与精神力量建立连接

奇迹无非就是这样。任何一个人,只要他了解了真实的自我、认识到自己与无所不在的智慧和力量是一体的,他就有可能得到启示,得以一窥那超越常人头脑的律法。

——拉尔夫·沃尔多·川恩(Ralph Waldo Trine)

美国作家

就是现在,在你的内心里,已经有一种伟大的精神力量,它可以用来解决问题、实现目标。度过生活中危机的最有效方法,也许就是运用这些特殊

的心理资源来克服障碍、解决困难。

从古至今,这种精神力量有过许多称谓。拿破仑·希尔在采访了500位美国最富有的人后,称它为"智力爆炸"。他发现,自己采访过的几乎所有富人,都把他们在商业上的成功归功于运用这种精神力量的习惯。许多心理学家和神秘主义者把它称为"超意识思维"或"集体无意识"。爱默生称之为"超灵"。

这种精神力量可以解决问题、克服困难,并给你克服障碍所需的洞察力和主意。要与这种精神力量建立联系是很容易的。在任何时候,你都可以尝试通过冥想、沉思或独处来与这种精神力量建立连接。

想要与这种精神力量共鸣,最有效的方法,就

第十九章
与精神力量建立连接

是培养一种信念、一种平静的心态、一种充满自信的期待,你知道一切都会变好的。这种行为似乎是一种催化剂,能够激活这种精神力量,并让它在你的生活中发挥作用。

当你求助于这种精神力量时,它会自然地、不断地解决你通往目标道路上的每一个问题,只要你的目标是明确的。在动荡时分,比如在危急时刻,你的长期目标可能是模糊而矛盾的。所以,要想运用这种精神力量,首先就要获得内心的平静;其次,是保持心情愉快,并下定决心好好应对面临的所有挑战。这样做有助于你明确目标,从而运用这种精神力量。

你越能保持冷静,这种精神力量就越能迅速解决你的问题,帮你摆脱困境。有时,这种精神力量还会立刻发挥作用。

这种精神力量的奇妙之处在于,你越相信它,它就能越迅速、越可预见地发挥作用,甚至有时会以最出乎意料的方式发挥作用。

这种精神力量带来的是一种宝贵的经验,你需要拥有这种经验才能实现自己的目标,在将来变得成功又快乐。当这种精神力量发挥作用时,你必须意识到它带来的经验。在经历挫折、困难和暂时的失败之后,你往往能够因祸得福。

经过20年对成功人士的采访,拿破仑·希尔得出了这样的结论:"在每一个逆境、失败或令人伤心的事里,都埋藏着一个种子,一个带来同等甚至更大的好处的种子。"

无论你正在经历什么困难,都要从中吸取你应

第十九章
与精神力量建立连接

得的经验。有时候,你得到的经验,其价值会远远大于问题本身让你付出的代价。

▲ 留心小事

一旦你为了摆脱困境而祈求帮助,就必须留心周围发生的所有小事。你的解决办法可能来自一个电话、一份杂志、一篇报纸上的文章,或者谁在意想不到的时候随便说的一句话。有一条法则是:"你想要什么,什么就会找到你。"所以,要对所有可能性保持警觉。

积极地与自己对话,让自己保持正确的心态。我一遍又一遍地对自己说的一句话是"我相信,我生命中的每件事都会有完美的结果。"

六 练习独处

有人说,当一个人开始抽出时间安静独处时,他就变得伟大了。

想要常常与这种精神力量共鸣,你可以抽出时间独处并静坐、冥想。

在这段独处的时间里,你只需要让自己的大脑放松。不要去担心或考虑任何事——特别是你遇到的困难。帮助你达到这种平静精神状态的一个技巧,就是在独处静坐时想象一潭水。想象一个安静的深潭,更好是想象自己坐在游泳池或湖水旁,静静地看着水面。这种做法似乎能使心灵深处平静下来。

每次练习独处需要至少 30 分钟,如果可能的话,要更长时间。在你独处的前 20 分钟里,你会

第十九章
与精神力量建立连接

有一种几乎不可抗拒的冲动,想要起来做点什么事。你的脑中可能会冒出各种各样的想法,但你必须保持不动。

20~25分钟后,你会开始放松,头脑变得平静而清晰,就像山中的一面湖水。然后,当你静静地坐在那里,让自己的思想自由流动时,意识中就会出现你最紧急的问题所需要的答案。你会得到洞见或一个灵感,想要去做某件事。事后回想起来,你会发现,对当时的你来说,那件事做得太对了。

让"吸引力法则"起作用

通过练习沉思,你会让"吸引力法则"起作用,你的大脑会像是一块磁铁,吸引着想法、人才、信

息和资源,来帮助你解决问题并实现目标。

每次你想运用这种精神力量,它都会为你所用。你用得越多,将来就越容易运用它,它也会越快发挥作用。

要想让自己度过工作或个人生活中的危机,冥想和独处也许是所有方法中最有效的。定期花时间与这种精神力量建立连接,然后,你就会看到奇迹出现在自己身上。

> **实践练习**

(1)下定决心,每天练习独处半小时或更长时间。可以早上起床,在你吃喝任何东西之前,就开始独处;或者,也可以在一天结束时练习独处。做好心理准备,因为你将拥有不可思议的想法与洞见。

第十九章
与精神力量建立连接

> （2）要有信念。要完全相信,就算是最大的问题也会有解决办法,而且解决办法会在正确的时间出现在你的生活中。

我知道,这个世界是由无限的智慧统治的。我们周围存在的一切,都证明其背后有至高无上的法则。这一事实是不可否认的,就像数学一样精准。

——托马斯·爱迪生

美国发明家

第二十章
释放你的力量

快乐而平和地工作,心中清楚,正确的想法和恰当的努力必然会带来适当的结果。

——詹姆斯·爱伦(James Allen)

英国作家

在领导者或是任何人的一生中,唯一不可避免的就是危机。在你的职业生涯中,你会一次又一次地经历危机。在一个快速发展、竞争激烈的社会,危机似乎是成年人生活中正常又自然的一部分。逆

第二十章
释放你的力量

境与沮丧是无法预测、不可避免的。

危机总会出现在你最不经意的时候,哪怕你已经尽了最大的努力来避免它的发生。当你碰壁时,唯一能做的事,就是好好面对困难,并想出有效的办法克服它。这是对一个人品格和领导力的真正考验。在一切顺利的时候,任何人都可以是积极、乐观、诚实、随和、放松、风度翩翩的。在顺境中做到这些并不难。但是,当一切都不顺利时,当你面临财务危机或其他个人损失的威胁时,当你似乎被困难淹没时,你的内心中真正的力量才会显露出来。

✈ 行动与长远的目光

在危急时刻,每个人都在看着你。大家对你说的话、做的事都特别敏感。如果你是一家之主或公司的领导者,你的情绪和举动会为其他人定下基调。你的一举一动都会被其他人效仿。

在长达 50 多年的研究中,哈佛大学的爱德华·C.班斐德(Edward Banfield)博士发现,成功、幸福与个人品格的关键决定因素,是一个人的目光有多长远。换句话说,当你决定自己现在的行动时,能把目光投向多远的未来。

优秀的人都有长远的目光,他们会提前思考和规划未来几周、几个月甚至几年的行动。他们把自己正在做的每件事都视为整个过程的一部分,而这

第二十章
释放你的力量

个过程可能会在未来产生重大影响。

✈ 关注你的声誉

无论在生活中还是在公司里,你最有价值的资产就是自己的声誉。你的声誉,就是你不在场时,人们是怎样看待你、怎样形容你的。声誉是人们对你能力与品格的总体评价。

关于你声誉的原则是"一切都很重要!"你所做的一切或没有做到的一切,都会让你的声誉提升或受损。你的一切所作所为,都会帮助你或伤害你,让你名声大振或名誉扫地。

在危急时刻,你所做的一切都会被放大。你的行为会对你的声誉有比平时更大的影响。在危急时

刻，你会展现内心深处的真实自我。

✈ 迎接挑战

坚强的人能够勇敢面对生活中的挑战，而软弱的人却会因此崩溃，会表现得一塌糊涂。坚强的人会深呼吸并直面危机，而软弱的人面对危机时却会心烦意乱、愤怒不已，甚至还会迁怒他人。

在危急时刻，身边的人需要你冷静、坚定、理智地面对危机。你必须像暴风雨中掌舵的船长，无论周围发生了什么，都要保持冷静、平和而又警觉的状态，完全掌控局面。

优秀的人会不断考虑自己的言行对周围人的影响，尤其是当周围的人感觉紧张或害怕的时候。在

第二十章 释放你的力量

危急时刻,你必须尽力让尊敬你的人平静下来,让他们放心。

当事情出错时,你不必生气,不必心烦,更不必批评、责怪或埋怨他人。当你表达任何消极情绪时,都会让自己看起来很软弱。你的抱怨和批评会夺走你的力量,让你无法高效地工作。

当你收到坏消息时,特别是涉及别人犯的错误的坏消息时,要善良、友好,有同情心。当别人做了傻事时,你要忍住指责和抱怨他们的本能冲动。你要提醒自己,这些事都会过去的。

✈ 化解危机

亚伯拉罕·林肯以讲故事、讲笑话的能力而闻

名，因为他能把自己要表达的观点融入故事和笑话中，以此来缓和危急时刻的局势。有时候，你可以给其他人讲一个与当前危机类似的故事，并以此来完全控制局面。你可以用讲故事的方法，重申你的信心，告诉其他人任何问题都有解决办法。

你在危机中最重要的任务之一，就是重新确认你的价值观，以及你所在组织的价值观。告诉你自己，还有周围的每个人，无论在什么情况下，你总会做正确的事。你会诚实正直地行事，会公平待人。你不会为任何人或任何事妥协、改变自己的价值观。

自信心的基础，是对价值观的坚持。你要基于你正直、求真、待人真诚而处事坦率的价值观，来确定处理危机的最佳方法。你首先应该做什么，然

第二十章
释放你的力量

后应该做什么？你应该如何与其他相关人士谈话，又该如何对待他们？

🛆 想想解决办法

一个有优秀品格的人，会让每个人都思考解决方案，思考可以采取哪些行动来解决危机。想想你现在可以采取的具体行动。不要讨论一件无法改变的往事，也无须为它担心。相反，你要把你所有的精力都集中在自己现在能做的、有助于解决问题的事情上。你要让每个人都忙于解决问题，以至没人有时间为过往发生的事担心。

🚀 通过考试一样的考验

在学校里,你只有通过了现在所在的年级的考试之后,才能升到更高年级。同样,从现在开始,无论你遇到什么困难,不管是大是小,只要把它当作一场考试就行了。把自己生活中发生的每一件事,特别是挫折、障碍和令人失望的事,都看作是一种考试。下定决心,无论在什么情况下,你都将通过考验、不断前进,走向更好的生活。

解决一个问题的回报,就是你获得了解决更大问题的机会。要评价一个人,可以看别人交给他解决的问题是大是小。永远不要为了问题、困难或危机而抱怨。相反,要把这些事看作是机会,让你能更坚定地迈向光明之路的机会。

第二十章 释放你的力量

▲ 危机是绊脚石还是垫脚石

危机是不可避免的,也是不可预测的。你在危急时刻的不同行动,可以让你振作起来,也可以让你崩溃。拥有有效处理危机的能力,是领导力最显著的特征。从现在开始,每当你遇到任何问题或困难时,都要把它看作一个特别的机会,它会帮助你变得更强大、更有智慧,在未来更成功、更有影响力。

最后要记住,为危机做好心理准备的最佳时机,是在危机发生之前。事先下定决心,无论今天或将来发生什么事,你都会保持冷静,不会反应过激。你会深呼吸、确认事实,并控制局面。事先下定决心,表现出领导风范,表现出勇气与自信、力量与

品格。这样,当不可避免的风暴席卷而来时,你已经做好了心理准备,能够以最佳的状态应对。

▶ 实践练习

(1)列出3到5种你欣赏的别人身上的品格,这些品格也是你希望别人能在你身上看到的。你能做些什么,来展现自己已经具备了这些品格?

(2)提前下定决心,无论发生什么事、无论因为什么原因,你都绝对不会妥协、改变自己的价值观。你的行为将永远与你所知最高尚的行为保持一致。

对于认识到自己力量的人来说根本没有失败,因为这样的人永远不会觉得自己被打败了;他们是以不屈的意志

第二十章
释放你的力量

坚定地努力着的人。对于那些每次摔倒都爬起来的人、那些像皮球一样有韧性的人、那些在别人放弃时坚持下来的人、那些在别人后退时继续前进的人来说,根本没有失败。

——奥里森·斯韦特·马登

美国成功学大师

第二十一章
总　结

人生要一步一步地走，事情也要一步一步地做。虽然我们偶尔能迈出一大步，但大多数时候，我们在人生的阶梯上，迈出的都是看似微不足道的一小步。

——拉尔夫·兰塞姆（Ralph Ransom）

美国艺术家

只要你能好好运用自己聪明的头脑与良好的品格，没有什么问题是你解决不了的，没有什么困难是你克服不了的，没有什么危机是你应对不了的。

第二十一章 总 结

要提醒自己,人生就是一场考验,只有放弃才会让你失败。

在充满挑战的未来,无论在你身上发生什么事,要想完全掌控局面,以下是你可以做的21件事:

(1)掌控情绪。深呼吸,不要烦恼也不要生气。你可以认真提问、仔细倾听、专心考虑可能的解决方案,这样你就没那么易怒了。

(2)相信自己的能力。要提醒自己,你曾经成功地克服了各种困难,所以你也能处理好眼下这个问题。确定可能发生的最坏的结果是什么,然后确保这种结果不会发生。

(3)勇敢向前。意外的挫折和逆境常常会让你觉得无能为力,或者引发你的"战斗或逃跑"的本能反应。不要屈服于这些消极的想法和本能反应,而是

想想你可以立刻采取哪些具体行动,来挽回局面。

(4)了解事实。问题刚出现的时候,看起来总是很糟糕,但事实并非如此。在你做出决定之前,要花时间弄清楚到底发生了什么。

(5)掌控局面。为有效处理问题或危机,你要承担百分之一百的责任。不要找借口,不要责怪别人。不要沉湎于过去,因为过去是无法改变的。要把重点放在未来能做的事情上。

(6)及时止损。不要为无可挽回的事伤心。可以练习运用"零基思考法",问自己:"有没有什么事,是我现在正在做的,但是因为我现在知道了更多信息,如果今天有重来的机会,我就不会重蹈覆辙?"做好准备,如果局面已经无法挽回,就要转头走开。

第二十一章
总　结

（7）危机管理。危急时刻就是"挑战时刻"，领导者、成年人和有一定权力的人都总会遇到它。要负起责任，制订计划，着手解决问题。

（8）绝不保密。告诉每一个受危机影响的人到底发生了什么。实行"绝不保密"的原则。让你的组织内外的人都了解情况，并向他们请求提供建议与帮助。

（9）认清限制因素。为了让自己摆脱困境，你要确定你能完成的、最重要的目标。然后，认清你的关键限制因素，也就是决定了你完成目标的速度的制约因素。要集中精力，去减轻这个制约因素带来的限制。

（10）释放你的创造力。你是个潜在的天才，可以找到办法，解决自己面临的问题。把自己的思考

过程写下来。清楚定义你的问题，尽量多想出几种可能的解决方案，然后采取行动。

（11）专注于关键领域。在任何公司、任何工作中，产出关键成果的领域，基本上不会超过5到7个。在这些领域中的事情，都是你务必要做好的事情，否则，你无法让你的公司和你的工作取得成功。你的关键领域是什么？你如何改进自己最薄弱的地方？

（12）要事优先。把二八定律应用到你做的每一件事上。要记住，80%的成果来自20%的活动。你要思考，有什么事是只有你能做的，而且如果这件事做得好，就会带来真正的改变？每时每刻都要把你的时间用在最有价值的事情上，还要集中精力，尽快做好那些事情。

（13）应对危机。一旦你评估了形势、收集了信

第二十一章 总　结

息、制订了计划，就是开始"进攻"的时候了。为了解决问题并度过危机，你只需要考虑你可以立刻采取的行动。要负起责任，领导其他人。

（14）解决现金危机。大多数商业危机和个人危机，都与资金问题有关。现金流对于公司的重要性，就像血液对于大脑一样。你的工作就是一心一意地保存你拥有的现金，并且还要赚到更多现金。在你解决现金流问题的时候，不要让任何事情分散你的注意力。

（15）关心你的客户。公司运营的目的，是挖掘和维护足够的客户，以确保公司的生存与成功。当你的公司遇到危机时，你必须尽一切努力，让自己的客户购买你的产品或服务并付款。

（16）完成更多销售任务。在客户口袋里或银行

账户里的钱,对你没有任何实际用处。你必须坚定地、积极地请求自己的客户购买你的产品和服务并付款,这样你就可以解决自己的现金危机。要坚持做这件事。

(17)保持简单。在危机或紧急事件中,你可能会发现自己被弄得不知所措,因为正在发生的事太多,而要做的事也太多。但从大局来看,只有少数几件事是真正重要的。你必须约束自己,专心只做这些事。要判断哪些事是你不打算做的,这是简化工作的关键。

(18)保存你的能量。要好好照顾你的身体。想象你是一名冠军运动员,一直在为重要的比赛做准备。要吃健康的食物、多休息、多喝水、每天坚持锻炼三十分钟或以上。这样,你就总能让自己的身

第二十一章
总　结

体和精神达到最佳状态。

（19）与精神力量建立连接。在你的内心，有一种强大的力量，可以让你解决问题，实现目标。许多伟大的人都相信这种精神力量，相信它会常常引导并激励自己，尤其是在危急时刻。每天花一个小时独处，倾听"内心里平静、微小的声音"。这种声音总会在合适的时间给你带来自己需要的答案。

（20）释放你的力量。当你承受压力时，当你面对挫折、逆境和成年人生活中不可避免的危机时，你就会展现自己的真实品格。你要事先下定决心，勇敢面对任何挑战，永远做个正直的人，不会因为任何原因而妥协。要表现得好像每个人都在看着你，因为他们的确在看着你。

（21）下定决心坚持下去，直到你成功为止。你

压力是成功的跳板
CRUNCH POINT

永不放弃的决心是让你最终获得成功的最大保障。在你的一生中,你会不断遇到各种问题、各种困难,但如果你能正视并克服每一个难题,你就会成为最好的自己,就会更加坚定地迈向光明之路。

> 许多人失败是因为他们放弃得太快。当出现不祥的预兆时,许多人就会失去信心。他们没有勇气坚持下去,没有勇气继续与那些似乎是克服不了的困难做斗争。如果有更多的人能够勇敢出击,尝试那些所谓"不可能的事",我们很快就会发现那句老话的真谛:没有什么是不可能的。只要你不再恐惧,就可以做到任何你想做的事。
> ——克劳德·E.韦尔奇(Claude E. Welch)
> 美国外科医生

博恩·崔西职场制胜系列

《激励》

定价：59元

ISBN 978-7-5046-9168-2

《市场营销》

定价：59元

ISBN 978-7-5046-9127-9

《管理》

定价：59元

ISBN 978-7-5046-9167-5

《谈判》

定价：59元

ISBN 978-7-5046-9166-8

《领导力》

定价：59元

ISBN 978-7-5046-9128-6

《高效会议》

定价：59元

ISBN 978-7-5046-9182-8